KB090549

단번에 합격하는

# 중식조리
## 기능사 · 산업기사 · 기능장

이지현 · 김아영 공저

ᗷ (주)백산출판사

# 머리말

　현대사회의 급변하는 음식문화 속에서 음식은 대중 속으로 깊이 파고들어 남녀노소를 불문하고 음식에 많은 관심을 가지게 되었고 이는 하나의 콘텐츠가 되어 현대인들의 미각과 건강을 충족시켜 주며 또 다른 하나의 문화를 이루고 있습니다.

　이러한 경향으로 보아 앞으로도 더욱 가치를 인정받게 될 직업 중의 하나가 바로 조리사라고 생각합니다. 이미 해외에서는 전문 조리사가 유망직업으로 순위에 올라 있고 국내에서도 인정받는 직업이 되었습니다.

　또한, 취업을 위한 경쟁이 심화되면서 고등학교 및 조리 관련 대학 전공자들은 한식·양식·일식·중식·복어 조리기능사 및 제과·제빵기능사 취득은 물론 더 나아가 조주사, 소믈리에, 바리스타 등 국가·민간자격증을 취득한 후 졸업하고 있습니다. 호텔이나 전문 레스토랑에 취업하고자 할 때 자격증의 취득 유무는 현실적으로 중요하게 적용되며, 취업 후 개개인의 역량평가에서도 인성과 함께 중요하게 인식되고 있습니다.

　이러한 현실 속에서 쉽고 확실하게 자격증을 취득할 수 있도록 다년간의 현장경험과 교육경험 그리고 한국산업인력공단의 시험감독위원 및 관리위원 위촉 경험을 토대로 이 책을 집필하였습니다. 수험생들이 효율적으로 학습할 수 있도록 하였고 현 추세에 맞춘 중식조리 관련 자격증 시험을 이해하기 쉽게 설명하려 노력하였습니다.

　이 책을 통하여 중식조리기능사, 중식조리산업기사, 조리기능장 등의 자격검정을 준비하는 수험생들에게 합격의 영광과 함께 중국요리에 대한 기초지식을 제공하고자 합니다.

　이 책이 출간되기까지 많은 도움을 주신 백산출판사 진욱상 사장님과 직원분들께 머리 숙여 감사의 마음을 전합니다.

2024년
저자 씀

# CONTENTS

## I 이론

# Ⅱ 실기

# CONTENTS

**조리기능장 실기**

동파육 232

삼선초면 234

어향육사 236

요과기정 238

은행빠스 240

전가복 242

홍소양두부 244

회과육 246

\* 자세한 시험안내는 한국산업인력공단(큐넷)을 참조하시기 바랍니다.

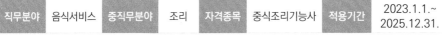

# 중식조리기능사
# 필기 출제기준

| 직무분야 | 음식서비스 | 중직무분야 | 조리 | 자격종목 | 중식조리기능사 | 적용기간 | 2023.1.1.~ 2025.12.31. |
|---|---|---|---|---|---|---|---|

● 직무내용 : 중식메뉴 계획에 따라 식재료를 선정, 구매, 검수, 보관 및 저장하며 맛과 영양을 고려하여 안전하고 위생적으로 음식을 조리하고 조리기구와 시설관리를 수행하는 직무이다.

| 필기검정 방법 | 객관식 | 문제수 | 60 | 시험시간 | 1시간 |
|---|---|---|---|---|---|

| 필기 과목명 | 출제 문제수 | 주요항목 | 세부항목 | 세세항목 |
|---|---|---|---|---|
| 중식 재료관리, 음식조리 및 위생관리 | 60 | 1. 음식 위생 관리 | 1. 개인 위생 관리 | 1. 위생관리기준<br>2. 식품위생에 관련된 질병 |
| | | | 2. 식품 위생 관리 | 1. 미생물의 종류와 특성<br>2. 식품과 기생충병<br>3. 살균 및 소독의 종류와 방법<br>4. 식품의 위생적 취급기준<br>5. 식품첨가물과 유해물질 |
| | | | 3. 작업장 위생 관리 | 1. 주방위생 위생 위해요소<br>2. 식품안전관리인증기준(HACCP)<br>3. 작업장 교차오염발생요소 |
| | | | 4. 식중독 관리 | 1. 세균성 및 바이러스성 식중독<br>2. 자연독 식중독<br>3. 화학적 식중독<br>4. 곰팡이 독소 |
| | | | 5. 식품위생 관계 법규 | 1. 식품위생법령 및 관계법규<br>2. 농수산물 원산지 표시에 관한 법령<br>3. 식품 등의 표시·광고에 관한 법령 |
| | | | 6. 공중 보건 | 1. 공중보건의 개념<br>2. 환경위생 및 환경오염 관리<br>3. 역학 및 질병 관리<br>4. 산업보건관리 |
| | | 2. 음식 안전 관리 | 1. 개인안전 관리 | 1. 개인 안전사고 예방 및 사후 조치<br>2. 작업 안전관리 |
| | | | 2. 장비·도구 안전작업 | 1. 조리장비·도구 안전관리 지침 |
| | | | 3. 작업환경 안전관리 | 1. 작업장 환경관리<br>2. 작업장 안전관리<br>3. 화재예방 및 조치방법<br>4. 산업안전보건법 및 관련지침 |

| 필기 과목명 | 출제 문제수 | 주요항목 | 세부항목 | 세세항목 |
|---|---|---|---|---|
| | | 3. 음식 재료 관리 | 1. 식품재료의 성분 | 1. 수분<br>2. 탄수화물<br>3. 지질<br>4. 단백질<br>5. 무기질<br>6. 비타민<br>7. 식품의 색<br>8. 식품의 갈변<br>9. 식품의 맛과 냄새<br>10. 식품의 물성<br>11. 식품의 유독성분 |
| | | | 2. 효소 | 1. 식품과 효소 |
| | | | 3. 식품과 영양 | 1. 영양소의 기능 및 영양소 섭취기준 |
| | | 4. 음식 구매 관리 | 1. 시장조사 및 구매관리 | 1. 시장 조사<br>2. 식품구매관리<br>3. 식품재고관리 |
| | | | 2. 검수 관리 | 1. 식재료의 품질 확인 및 선별<br>2. 조리기구 및 설비 특성과 품질 확인<br>3. 검수를 위한 설비 및 장비 활용 방법 |
| | | | 3. 원가 | 1. 원가의 의의 및 종류<br>2. 원가분석 및 계산 |
| | | 5. 중식 기초 조리실무 | 1. 조리 준비 | 1. 조리의 정의 및 기본 조리조작<br>2. 기본조리법 및 대량 조리기술<br>3. 기본 칼 기술 습득<br>4. 조리기구의 종류와 용도<br>5. 식재료 계량방법<br>6. 조리장의 시설 및 설비 관리 |
| | | | 2. 식품의 조리 원리 | 1. 농산물의 조리 및 가공 · 저장<br>2. 축산물의 조리 및 가공 · 저장<br>3. 수산물의 조리 및 가공 · 저장<br>4. 유지 및 유지 가공품<br>5. 냉동식품의 조리<br>6. 조미료와 향신료 |
| | | | 3. 식생활 문화 | 1. 중국 음식의 문화와 배경<br>2. 중국 음식의 분류<br>3. 중국 음식의 특징 및 용어 |
| | | 6. 중식 절임 · 무침조리 | 1. 절임 · 무침 조리 | 1. 절임 · 무침 준비<br>2. 절임류 만들기<br>3. 무침류 만들기<br>4. 절임 보관 무침 완성 |

| 필기 과목명 | 출제 문제수 | 주요항목 | 세부항목 | 세세항목 |
|---|---|---|---|---|
| | | 7. 중식 육수 · 소스조리 | 1. 육수 · 소스 조리 | 1. 육수 · 소스 준비<br>2. 육수 · 소스 만들기<br>3. 육수 · 소스 완성 보관 |
| | | 8. 중식 튀김 조리 | 1. 튀김조리 | 1. 튀김 준비<br>2. 튀김 조리<br>3. 튀김 완성 |
| | | 9. 중식 조림 조리 | 1. 조림조리 | 1. 조림 준비<br>2. 조림 조리<br>3. 조림 완성 |
| | | 10. 중식 밥 조리 | 1. 밥조리 | 1. 밥 준비<br>2. 밥 짓기<br>3. 요리별 조리하여 완성 |
| | | 11. 중식 면 조리 | 1. 면조리 | 1. 면 준비<br>2. 반죽하여 면 뽑기<br>3. 면 삶아 담기<br>4. 요리별 조리하여 완성 |
| | | 12. 중식 냉채 조리 | 1. 냉채조리 | 1. 냉채 준비<br>2. 냉채 조리<br>3. 냉채 완성 |
| | | 13. 중식 볶음 조리 | 1. 볶음조리 | 1. 볶음 준비<br>2. 볶음 조리<br>3. 볶음 완성 |
| | | 14. 중식 후식 조리 | 1. 후식조리 | 1. 후식 준비<br>2. 더운 후식류 조리<br>3. 찬 후식류 조리<br>4. 후식류 완성 |

| 직무분야 | 음식서비스 | 중직무분야 | 조리 | 자격종목 | 중식조리기능사 | 적용기간 | 2023.1.1.~ 2025.12.31. |
|---|---|---|---|---|---|---|---|

● 직무내용 : 중식메뉴 계획에 따라 식재료를 선정, 구매, 검수, 보관 및 저장하며 맛과 영양을 고려하여 안전하고 위생적으로 음식을 조리하고 조리기구와 시설관리를 수행하는 직무이다.

● 수행준거 : 1. 중식조리작업 수행에 필요한 위생관련지식을 이해하고 주방의 청결상태와 개인위생·식품위생을 관리하여 전반적인 조리작업을 위생적으로 수행할 수 있다.
2. 중식 기초 조리작업 수행에 필요한 조리 기능 익히기를 활용할 수 있다.
3. 적합한 식재료를 절이거나 무쳐서 요리에 곁들이는 음식을 조리할 수 있다.
4. 육류나 가금류 · 채소류를 이용하여 끓이거나 양념류와 향신료를 배합하여 조리할 수 있다.
5. 육류 · 갑각류 · 어패류 · 채소류 · 두부류 재료 특성을 이해하고 손질하여 기름에 튀겨 조리할 수 있다.
6. 육류 · 생선류 · 채소류 · 두부에 각종 양념과 소스를 이용하여 조림을 할 수 있다.
7. 쌀로 지은 밥을 이용하여 각종 밥 요리를 할 수 있다.
8. 밀가루의 특성을 이해하고 반죽하여 면을 뽑아 각종 면 요리를 할 수 있다.

| 실기검정 방법 | 작업형 | 시험시간 | 70분 정도 |
|---|---|---|---|

| 실기 과목명 | 주요항목 | 세부항목 | 세세항목 |
|---|---|---|---|
| 중식 조리 실무 | 1. 음식 위생 관리 | 1. 개인위생 관리하기 | 1. 위생관리기준에 따라 조리복, 조리모, 앞치마, 조리안전화 등을 착용할 수 있다. |
| | | | 2. 두발, 손톱, 손 등 신체청결을 유지하고 작업수행 시 위생습관을 준수할 수 있다. |
| | | | 3. 근무 중의 흡연, 음주, 취식 등에 대한 작업장 근무수칙을 준수할 수 있다. |
| | | | 4. 위생관련법규에 따라 질병, 건강검진 등 건강상태를 관리하고 보고할 수 있다. |
| | | 2. 식품위생 관리하기 | 1. 식품의 유통기한·품질 기준을 확인하여 위생적인 선택을 할 수 있다. |
| | | | 2. 채소·과일의 농약 사용여부와 유해성을 인식하고 세척할 수 있다. |
| | | | 3. 식품의 위생적 취급기준을 준수할 수 있다. |
| | | | 4. 식품의 반입부터 저장, 조리과정에서 유독성, 유해물질의 혼입을 방지할 수 있다. |

| 실기 과목명 | 주요항목 | 세부항목 | 세세항목 |
|---|---|---|---|
| | | 3. 주방위생 관리하기 | 1. 주방 내에서 교차오염 방지를 위해 조리생산 단계별 작업공간을 구분하여 사용할 수 있다.<br>2. 주방위생에 있어 위해요소를 파악하고, 예방할 수 있다.<br>3. 주방, 시설 및 도구의 세척, 살균, 해충·해서 방제작업을 정기적으로 수행할 수 있다.<br>4. 시설 및 도구의 노후상태나 위생상태를 점검하고 관리할 수 있다.<br>5. 식품이 조리되어 섭취되는 전 과정의 주방 위생 상태를 점검하고 관리할 수 있다.<br>6. HACCP적용업장의 경우 HACCP관리기준에 의해 관리할 수 있다. |
| | 2. 음식 안전 관리 | 1. 개인안전 관리하기 | 1. 안전관리 지침서에 따라 개인 안전관리 점검표를 작성할 수 있다.<br>2. 개인안전사고 예방을 위해 도구 및 장비의 정리정돈을 상시할 수 있다.<br>3. 주방에서 발생하는 개인 안전사고의 유형을 숙지하고 예방을 위한 안전수칙을 지킬 수 있다.<br>4. 주방 내 필요한 구급품이 적정 수량 비치되었는지 확인하고 개인 안전 보호 장비를 정확하게 착용하여 작업할 수 있다.<br>5. 개인이 사용하는 칼에 대해 사용안전, 이동안전, 보관안전을 수행할 수 있다.<br>6. 개인의 화상사고, 낙상사고, 근육팽창과 골절사고, 절단사고, 전기기구에 인한 전기 쇼크 사고, 화재사고와 같은 사고 예방을 위해 주의사항을 숙지하고 실천할 수 있다.<br>7. 개인 안전사고 발생 시 신속 정확한 응급조치를 실시하고 재발 방지 조치를 실행할 수 있다. |
| | | 2. 장비·도구 안전작업 하기 | 1. 조리장비·도구에 대한 종류별 사용방법에 대해 주의사항을 숙지할 수 있다.<br>2. 조리장비·도구를 사용 전 이상 유무를 점검할 수 있다.<br>3. 안전 장비류 취급 시 주의사항을 숙지하고 실천할 수 있다.<br>4. 조리장비·도구를 사용 후 전원을 차단하고 안전수칙을 지키며 분해하여 청소할 수 있다.<br>5. 무리한 조리장비·도구 취급은 금하고 사용 후 일정한 장소에 보관하고 점검할 수 있다.<br>6. 모든 조리장비·도구는 반드시 목적 이외의 용도로 사용하지 않고 규격품을 사용할 수 있다. |

| 실기 과목명 | 주요항목 | 세부항목 | 세세항목 |
|---|---|---|---|
| | | 3. 작업환경<br>안전관리하기 | 1. 작업환경 안전관리 시 작업환경 안전관리 지침서를 작성할 수 있다.<br>2. 작업환경 안전관리 시 작업장 주변 정리 정돈 등을 관리 점검할 수 있다.<br>3. 작업환경 안전관리 시 제품을 제조하는 작업장 및 매장의 온·습도관리를 통하여 안전사고요소 등을 제거할 수 있다.<br>4. 작업장 내의 적정한 수준의 조명과 환기, 이물질, 미끄럼 및 오염을 방지할 수 있다.<br>5. 작업환경에서 필요한 안전관리시설 및 안전용품을 파악하고 관리할 수 있다.<br>6. 작업환경에서 화재의 원인이 될 수 있는 곳을 자주 점검하고 화재진압기를 배치하고 사용할 수 있다.<br>7. 작업환경에서의 유해, 위험, 화학물질을 처리기준에 따라 관리할 수 있다.<br>8. 법적으로 선임된 안전관리책임자가 정기적으로 안전교육을 실시하고 이에 참여할 수 있다. |
| | 3. 중식 기초<br>조리실무 | 1. 기본 칼 기술<br>습득하기 | 1. 칼의 종류와 사용용도를 이해할 수 있다.<br>2. 기본 썰기 방법을 습득할 수 있다.<br>3. 조리목적에 맞게 식재료를 썰 수 있다.<br>4. 칼을 연마하고 관리할 수 있다.<br>5. 중식 조리작업에 사용한 칼을 일정한 장소에 정리 정돈할 수 있다. |
| | | 2. 기본 기능<br>습득하기 | 1. 조리기물의 종류 및 용도에 대하여 이해하고 습득할 수 있다.<br>2. 조리에 필요한 조리도구를 사용하고 종류별 특성에 맞게 적용할 수 있다.<br>3. 계량법을 이해하고 활용할 수 있다.<br>4. 채소에 대하여 전처리 방법을 이해하고 처리할 수 있다.<br>5. 어패류에 대하여 전처리 방법을 이해하고 처리할 수 있다.<br>6. 육류에 대하여 전처리 방법을 이해하고 처리할 수 있다.<br>7. 중식조리의 요리별 육수 및 소스를 용도에 맞게 만들 수 있다.<br>8. 중식 조리작업에 사용한 조리도구와 주방을 정리 정돈할 수 있다. |
| | | 3. 기본 조리법<br>습득하기 | 1. 중국요리의 기본 조리방법의 종류와 조리원리를 이해할 수 있다.<br>2. 식재료 종류에 맞는 건열조리를 할 수 있다.<br>3. 식재료 종류에 맞는 습열조리를 할 수 있다.<br>4. 식재료 종류에 맞는 복합가열조리를 할 수 있다.<br>5. 식재료 종류에 맞는 비가열조리를 할 수 있다. |

| 실기 과목명 | 주요항목 | 세부항목 | 세세항목 |
|---|---|---|---|
| | 4. 중식 절임·무침조리 | 1. 절임·무침 준비하기 | 1. 곁들임 요리에 필요한 절임 양과 종류를 선택할 수 있다.<br>2. 곁들임 요리에 필요한 무침의 양과 종류를 선택할 수 있다.<br>3. 표준 조리법에 따라 재료를 전처리하여 사용할 수 있다. |
| | | 2. 절임류 만들기 | 1. 재료의 특성에 따라 절임을 할 수 있다.<br>2. 절임 표준조리법에 준하여 산도, 염도 및 당도를 조절할 수 있다.<br>3. 절임의 용도에 따라 절임 기간을 조절할 수 있다. |
| | | 3. 무침류 만들기 | 1. 메뉴 구성을 고려하여 무침류 재료를 선택할 수 있다.<br>2. 무침 용도에 적합하게 재료를 썰 수 있다.<br>3. 무침 재료의 종류에 따라 양념하여 무칠 수 있다. |
| | | 4. 절임 보관 무침 완성하기 | 1. 절임류를 위생적으로 안전하게 보관할 수 있다.<br>2. 무침류를 위생적으로 안전하게 보관할 수 있다.<br>3. 절임이나 무침을 담을 접시를 선택할 수 있다. |
| | 5. 중식 육수·소스 조리 | 1. 육수·소스 준비하기 | 1. 육수의 종류에 따라서 도구와 재료를 준비할 수 있다.<br>2. 소스의 종류에 따라서 도구와 재료를 준비할 수 있다.<br>3. 필요에 맞도록 양념류와 향신료를 준비할 수 있다.<br>4. 가공 소스류를 특성에 맞게 준비할 수 있다. |
| | | 2. 육수·소스 만들기 | 1. 육수 재료를 손질할 수 있다.<br>2. 육수와 소스의 종류와 양에 맞는 기물을 선택할 수 있다.<br>3. 소스 재료를 손질하여 전 처리할 수 있다.<br>4. 육수 표준조리법에 따라서 끓이는 시간과 화력의 강약을 조절할 수 있다.<br>5. 소스 표준조리법에 따라서 향, 맛, 농도, 색상의 정도를 조절할 수 있다. |
| | | 3. 육수·소스 완성 보관 하기 | 1. 육수를 필요에 따라 사용할 수 있는 상태로 보관할 수 있다.<br>2. 소스를 필요에 따라 사용할 수 있는 상태로 보관할 수 있다.<br>3. 메뉴선택에 따라 육수와 소스를 다시 끓여 사용할 수 있다. |
| | 6. 중식 튀김 조리 | 1. 튀김 준비 하기 | 1. 튀김의 특성을 고려하여 적합한 재료를 선정할 수 있다.<br>2. 각 재료를 튀김의 종류에 맞게 준비할 수 있다.<br>3. 튀김의 재료에 따라 온도를 조정할 수 있다. |
| | | 2. 튀김 조리 하기 | 1. 재료를 튀김요리에 맞게 썰 수 있다.<br>2. 용도에 따라 튀김옷 재료를 준비할 수 있다.<br>3. 조리재료에 따라 기름의 종류, 양과 온도를 조절할 수 있다.<br>4. 재료 특성에 맞게 튀김을 할 수 있다.<br>5. 사용한 기름의 재사용 또는 폐기를 위한 처리를 할 수 있다. |

| 실기 과목명 | 주요항목 | 세부항목 | 세세항목 |
|---|---|---|---|
| | | 3. 튀김 완성하기 | 1. 튀김요리의 종류에 따라 그릇을 선택할 수 있다.<br>2. 튀김요리에 어울리는 기초 장식을 할 수 있다.<br>3. 표준조리법에 따라 색깔, 맛, 향, 온도를 고려하여 튀김요리를 담을 수 있다. |
| | 7. 중식 조림조리 | 1. 조림 준비하기 | 1. 조림의 특성을 고려하여 적합한 재료를 선정할 수 있다.<br>2. 각 재료를 조림의 종류에 맞게 준비할 수 있다.<br>3. 조림의 종류에 맞게 도구를 선택할 수 있다. |
| | | 2. 조림 조리하기 | 1. 재료를 각 조림요리의 특성에 맞게 손질할 수 있다.<br>2. 손질한 재료를 기름에 익히거나 물에 데칠 수 있다.<br>3. 조림조리를 위해 화력을 강약으로 조절할 수 있다.<br>4. 조림에 따라 양념과 향신료를 사용할 수 있다.<br>5. 조림요리 특성에 따라 전분으로 농도를 조절하여 완성할 수 있다. |
| | | 3. 조림 완성하기 | 1. 조림 요리의 종류에 따라 그릇을 선택할 수 있다.<br>2. 조림 요리에 어울리는 기초 장식을 할 수 있다.<br>3. 표준조리법에 따라 색깔, 맛, 향, 온도를 고려하여 조림요리를 담을 수 있다.<br>4. 도구를 사용하여 적합한 크기로 요리를 잘라 제공할 수 있다. |
| | 8. 중식 밥조리 | 1. 밥 준비하기 | 1. 필요한 쌀의 양과 물의 양을 계량할 수 있다.<br>2. 조리방식에 따라 여러 종류의 쌀을 이용할 수 있다.<br>3. 계량한 쌀을 씻고 일정 시간 불려둘 수 있다. |
| | | 2. 밥 짓기 | 1. 쌀의 종류와 특성, 건조도에 따라 물의 양을 가감할 수 있다.<br>2. 표준조리법에 따라 필요한 조리 기구를 선택하여 활용할 수 있다.<br>3. 주어진 일정과 상황에 따라 조리 시간과 방법을 조정할 수 있다.<br>4. 표준조리법에 따라 화력의 강약을 조절하여 가열시간 조절, 뜸들이기를 할 수 있다.<br>5. 메뉴종류에 따라 보온 보관 및 재가열을 실시할 수 있다. |
| | | 3. 요리별 조리하여 완성하기 | 1. 메뉴에 따라 볶음요리와 튀김요리를 곁들여 조리할 수 있다.<br>2. 화력의 강약을 조절하여 볶음밥을 조리할 수 있다.<br>3. 메뉴 구성을 고려하여 소스(짜장소스)와 국물(계란 국물 또는 짬뽕 국물)을 곁들여 제공할 수 있다.<br>4. 메뉴에 따라 어울리는 기초 장식을 할 수 있다. |
| | 9. 중식 면조리 | 1. 면 준비하기 | 1. 면의 특성을 고려하여 적합한 밀가루를 선정할 수 있다.<br>2. 면 요리 종류에 따라 재료를 준비할 수 있다.<br>3. 면 요리 종류에 따라 도구·제면기를 선택할 수 있다. |

| 실기 과목명 | 주요항목 | 세부항목 | 세세항목 |
|---|---|---|---|
| | | 2. 반죽하여 면 뽑기 | 1. 면의 종류에 따라 적합하게 반죽하여 숙성할 수 있다.<br>2. 면 요리에 따라 수타면과 제면기를 이용하여 면을 뽑을 수 있다.<br>3. 면 요리에 따라 면의 두께를 조절할 수 있다. |
| | | 3. 면 삶아 담기 | 1. 면의 종류와 양에 따라 끓는 물에 삶을 수 있다.<br>2. 삶은 면을 찬물에 헹구어 면을 탄력 있게 할 수 있다.<br>3. 메뉴에 따라 적합한 그릇을 선택하여 차거나 따뜻하게 담을 수 있다. |
| | | 4. 요리별 조리하여 완성하기 | 1. 메뉴에 따라 소스나 국물을 만들 수 있다.<br>2. 요리별 표준조리법에 따라 색깔, 맛, 향, 온도, 농도, 국물의 양을 고려하여 소스나 국물을 담을 수 있다.<br>3. 메뉴에 따라 어울리는 기초 장식을 할 수 있다. |
| | 10. 중식 냉채 조리 | 1. 냉채 준비하기 | 1. 선택된 메뉴를 고려하여 냉채요리를 선정할 수 있다.<br>2. 냉채조리의 특성과 성격을 고려하여 재료를 준비할 수 있다.<br>3. 재료를 계절과 재료 수급 등 냉채요리 종류에 맞추어 손질할 수 있다. |
| | | 2. 기초 장식 만들기 | 1. 요리에 따른 기초 장식을 선정할 수 있다.<br>2. 재료의 특성을 고려하여 기초 장식을 만들 수 있다.<br>3. 만들어진 기초 징식을 보관·관리할 수 있다. |
| | | 3. 냉채 조리하기 | 1. 무침·데침·찌기·삶기·조림·튀김·구이 등의 조리방법을 표준조리법에 따라 적용할 수 있다.<br>2. 해산물, 육류, 가금류, 채소, 난류 등 냉채의 일부로서 사용되는 재료를 표준조리법에 따른 적합한 소스를 선택하여 조리할 수 있다.<br>3. 냉채 종류에 따른 적합한 소스를 선택하여 조리할 수 있다.<br>4. 숙성 및 발효가 필요한 소스를 조리할 수 있다. |
| | | 4. 냉채 완성하기 | 1. 전체 식단의 양과 구성을 고려하여 제공하는 양을 조절할 수 있다.<br>2. 냉채요리의 모양새와 제공 방법을 고려하여 접시를 선택할 수 있다.<br>3. 숙성 시간과 온도, 선도를 고려하여 요리를 담아낼 수 있다.<br>4. 냉채요리에 어울리는 기초 장식을 사용할 수 있다. |
| | 11. 중식 볶음 조리 | 1. 볶음 준비하기 | 1. 볶음의 특성을 고려하여 적합한 재료를 선정할 수 있다.<br>2. 볶음 방법에 따른 조리용 매개체(물, 기름류, 양념류)를 이용하고 선정할 수 있다.<br>3. 각 재료를 볶음의 종류에 맞게 준비할 수 있다. |

| 실기 과목명 | 주요항목 | 세부항목 | 세세항목 |
|---|---|---|---|
| | | 2. 볶음 조리<br>하기 | 1. 재료를 볶음요리에 맞게 손질할 수 있다.<br>2. 썰어진 재료를 조리 순서에 맞게 기름에 익히거나 물에 데칠 수 있다.<br>3. 화력의 강약을 조절하고 양념과 향신료를 첨가하여 볶음요리의 농도를 조절할 수 있다.<br>4. 메뉴별 표준조리법에 따라 전분을 이용하여 볶음요리의 농도를 조절할 수 있다. |
| | | 3. 볶음 완성<br>하기 | 1. 볶음요리의 종류와 제공방법에 따른 그릇을 선택할 수 있다.<br>2. 메뉴에 따라 어울리는 기초 장식을 할 수 있다.<br>3. 메뉴의 표준조리법에 따라 볶음요리를 담을 수 있다. |
| | 12. 중식 후식<br>조리 | 1. 후식 준비<br>하기 | 1. 주 메뉴의 구성을 고려하여 적합한 후식요리를 선정할 수 있다.<br>2. 표준조리법에 따라 후식재료를 선택할 수 있다.<br>3. 소비량을 고려하여 재료의 양을 미리 조정할 수 있다.<br>4. 재료에 따라 전처리하여 사용할 수 있다. |
| | | 2. 더운 후식류<br>만들기 | 1. 메뉴의 구성에 따라 더운 후식의 재료를 준비할 수 있다.<br>2. 용도에 맞게 재료를 알맞은 모양으로 잘라 준비할 수 있다.<br>3. 조리재료에 따라 튀김 기름의 종류, 양과 온도를 조절할 수 있다.<br>4. 재료 특성에 맞게 튀김을 할 수 있다.<br>5. 알맞은 온도와 시간으로 설탕을 녹여 재료를 버무릴 수 있다. |
| | | 3. 찬 후식류<br>만들기 | 1. 재료를 후식요리에 맞게 썰 수 있다.<br>2. 후식류의 특성에 맞추어 조리를 할 수 있다.<br>3. 용도에 따라 찬 후식류를 만들 수 있다. |
| | | 4. 후식류 완성<br>하기 | 1. 후식요리의 종류와 모양에 따라 알맞은 그릇을 선택할 수 있다.<br>2. 표준조리법에 따라 용도에 알맞은 소스를 만들 수 있다.<br>3. 더운 후식요리는 온도와 시간을 조절하여 만들 수 있다.<br>4. 후식요리의 종류에 맞춰 담아낼 수 있다. |

| 직무분야 | 음식서비스 | 중직무분야 | 조리 | 자격종목 | 중식조리산업기사 | 적용기간 | 2022.1.1.~<br>2024.12.31. |
|---|---|---|---|---|---|---|---|

● 직무내용 : 중식메뉴 계획에 따라 식재료를 선정, 구매, 검수, 보관 및 저장하며 맛과 영양을 고려하여 안전하고 위생적으로 음식을 조리하고 조리기구와 시설관리를 수행하는 직무이다.

| 필기검정<br>방법 | 객관식 | 문제수 | 60 | 시험시간 | 1시간 |
|---|---|---|---|---|---|

| 필기 과목명 | 문제수 | 주요항목 | 세부항목 | 세세항목 |
|---|---|---|---|---|
| 위생 및<br>안전관리 | 20 | 1. 위생관리 | 1. 개인 위생<br>관리 | 1. 위생관리기준<br>2. 식품위생에 관련된 질병 |
| | | | 2. 식품 위생<br>관리 | 1. 미생물의 종류와 특성<br>2. 식품과 기생충질환<br>3. 살균 및 소독의 종류와 방법<br>4. 식품의 위생적 취급기준<br>5. 식품첨가물과 유해물질 혼입 |
| | | | 3. 작업장 위생<br>관리 | 1. 작업장위생 및 위해요소<br>2. 해썹(HACCP) 관리기준<br>3. 작업장 교차오염발생요소<br>4. 식품위해요소 취급규칙<br>5. 위생적인 식품조리<br>6. 식품별 유통, 조리, 생산 시스템 |
| | | | 4. 식중독 관리 | 1. 세균성 및 바이러스성 식중독<br>2. 자연독 식중독<br>3. 화학적 식중독<br>4. 곰팡이 독소 |
| | | | 5. 식품위생<br>관계 법규 | 1. 식품위생법 및 관계 법규<br>2. 식품 등의 표시 · 광고에 관한 법령 |
| | | 2. 안전관리 | 1. 개인안전<br>관리 | 1. 개인 안전관리 점검표<br>2. 작업 안전관리<br>3. 개인 안전사고 예방 및 응급조치<br>4. 산업안전보건법 |
| | | | 2. 장비 · 도구<br>안전작업 | 1. 조리장비 · 도구의 종류와 특징, 용도<br>2. 조리장비 · 도구의 분해 및 조립 방법<br>3. 조리장비 · 도구 안전관리 지침<br>4. 조리장비 · 도구의 작동 원리<br>5. 주방도구 활용 |

| 필기 과목명 | 문제수 | 주요항목 | 세부항목 | 세세항목 |
|---|---|---|---|---|
| | | | 3. 작업환경 안전관리 | 1. 작업장 환경관리<br>2. 작업장 안전관리<br>3. 화재예방 및 화재진압<br>4. 유해, 위험, 화학물질 관리<br>5. 정기적 안전교육 실시 |
| | | 3. 공중 보건 | 1. 공중 보건의 개념 | 1. 공중보건의 개념 |
| | | | 2. 환경위생 및 환경오염 | 1. 일광<br>2. 공기 및 대기오염<br>3. 상하수도, 오물처리 및 수질오염<br>4. 구충구서 |
| | | | 3. 산업보건 관리 | 1. 산업보건의 개념과 직업병관리 |
| | | | 4. 역학 및 질병 관리 | 1. 역학 일반<br>2. 급만성감염병관리<br>3. 생활습관병 및 만성질환 |
| | | | 5. 보건관리 | 1. 보건행정 및 보건통계<br>2. 인구와 보건<br>3. 보건영양<br>4. 모자보건, 성인 및 노인보건<br>5. 학교보건 |
| 식재료 관리 및 외식경영 | 20 | 1. 재료관리 | 1. 저장 관리 | 1. 식재료 냉동·냉장·창고 저장관리<br>2. 식재료 건조창고 저장관리<br>3. 저장고 환경관리<br>4. 저장 관리의 원칙 |
| | | | 2. 재고 관리 | 1. 재료 재고 관리<br>2. 재료의 보관기간 관리<br>3. 상비량과 사용 시기 조절<br>4. 재료 유실방지 및 보안 관리 |
| | | | 3. 식재료의 성분 | 1. 수분<br>2. 탄수화물<br>3. 지질<br>4. 단백질<br>5. 무기질<br>6. 비타민<br>7. 식품의 색<br>8. 식품의 갈변<br>9. 식품의 맛과 냄새<br>10. 식품의 물성<br>11. 식품의 유독성분<br>12. 효소 |

| 필기 과목명 | 문제수 | 주요항목 | 세부항목 | 세세항목 |
|---|---|---|---|---|
| | | | 4. 식품과 영양 | 1. 영양소의 기능<br>2. 영양소 섭취기준 |
| | | 2. 조리외식<br>경영 | 1. 조리외식의<br>이해 | 1. 조리외식산업의 개념<br>2. 조리외식산업의 분류<br>3. 외식산업 환경분석 기술 |
| | | | 2. 조리외식<br>경영 | 1. 서비스 경영<br>2. 외식소비자 관리<br>3. 서비스 매뉴얼 관리<br>4. 위기상황 예측 및 대처 |
| | | | 3. 조리외식<br>창업 | 1. 창업의 개념<br>2. 외식창업 경영 이론<br>3. 창업절차 |
| 중식조리 | 20 | 1. 메뉴관리 | 1. 메뉴관리<br>계획 | 1. 메뉴 구성<br>2. 메뉴의 용어와 명칭<br>3. 계절별 메뉴<br>4. 메뉴조절, 관리 |
| | | | 2. 메뉴 개발 | 1. 시장상황과 흐름에 관한 변화분석<br>2. 메뉴 분석기법 및 메뉴구성<br>3. 플레이팅 기법과 개념 |
| | | | 3. 메뉴원가<br>계산 | 1. 메뉴 품목별 판매량 및 판매가<br>2. 표준분량크기<br>3. 식재료 원가 계산<br>4. 재무제표<br>5. 대차대조표<br>6. 손익분기점 |
| | | 2. 구매관리 | 1. 시장 조사 | 1. 재료구매계획 수립<br>2. 식재료, 조리기구의 유통·공급환경<br>3. 재료수급, 가격변동에 의한 공급처 대체 |
| | | | 2. 구매관리 | 1. 공급업체 선정 및 구매<br>2. 육류의 등급별, 산지별, 품종별 차이<br>3. 어패류의 종류와 품질<br>4. 채소, 과일류의 종류와 품질<br>5. 구매관리 관련 서식 |
| | | | 3. 검수관리 | 1. 식재료 선별 및 검수<br>2. 검수관리 관련 서식 |
| | | 3. 재료준비 | 1. 재료준비 | 1. 재료의 선별<br>2. 재료의 종류<br>3. 재료의 조리 특성 및 방법<br>4. 조리과학 및 기본 조리조작<br>5. 조리도구의 종류와 용도<br>6. 작업장의 동선 및 설비 관리 |

| 필기 과목명 | 문제수 | 주요항목 | 세부항목 | 세세항목 |
|---|---|---|---|---|
| | | | 2. 재료의 조리 원리 | 1. 농산물의 조리 및 가공 · 저장<br>2. 축산물의 조리 및 가공 · 저장<br>3. 수산물의 조리 및 가공 · 저장<br>4. 유지 및 유지 가공품<br>5. 냉동식품의 조리<br>6. 조미료와 향신료 |
| | | | 3. 식생활 문화 | 1. 중식의 음식 문화와 배경<br>2. 중식의 분류<br>3. 중식의 특징 및 용어 |
| | | 4. 중식 냉채 조리 | 1. 냉채 조리 | 1. 냉채조리방법의 종류와 특성<br>2. 냉채 종류에 따른 소스조리<br>3. 냉채조리의 온도와 선도 |
| | | | 2. 냉채 완성 | 1. 냉채 종류에 따른 소스 선택<br>2. 냉채 종류에 따른 기초 장식 |
| | | 5. 중식 딤섬 조리 | 1. 딤섬 빚기 | 1. 딤섬조리방법의 종류와 특성 |
| | | | 2. 딤섬 익히기 | 1. 딤섬 종류에 따른 익히는 방법 |
| | | | 3. 딤섬 완성 | 1. 딤섬 종류에 따른 소스 선택<br>2. 딤섬 종류에 따른 담기 |
| | | 6. 중식 수프· 탕조리 | 1. 수프 · 탕 조리 | 1. 수프 조리방법의 종류와 특성<br>2. 탕 조리방법의 종류와 특성 |
| | | | 2. 수프 · 탕 완성 | 1. 수프 종류에 따른 담기<br>2. 탕 종류에 따른 담기 |
| | | 7. 중식 볶음 조리 | 1. 볶음 조리 | 1. 볶음조리방법의 종류와 특성<br>2. 볶음조리 종류에 따른 소스조리 |
| | | | 2. 볶음 완성 | 1. 볶음조리 종류에 따른 소스 선택<br>2. 볶음조리 종류에 따른 기초 장식 |
| | | 8. 중식 찜조리 | 1. 찜 조리 | 1. 찜 조리방법의 종류와 특성<br>2. 찜 조리 종류에 따른 소스조리<br>3. 찜 조리의 온도와 선도 |
| | | | 2. 찜 완성 | 1. 찜조리 종류에 따른 소스 선택<br>2. 찜조리 종류에 따른 기초 장식 |
| | | 9. 중식 구이 조리 | 1. 구이 조리 | 1. 구이조리방법의 종류와 특성<br>2. 구이조리 종류에 따른 소스조리 |
| | | | 2. 구이 완성 | 1. 구이조리 종류에 따른 소스 선택<br>2. 구이조리 종류에 따른 기초 장식 |

| 필기 과목명 | 문제수 | 주요항목 | 세부항목 | 세세항목 |
|---|---|---|---|---|
| | | 10. 중식 후식 조리 | 1. 더운 후식류 조리 | 1. 더운 후식조리방법의 종류와 특성<br>2. 더운 후식조리 종류에 따른 조리 |
| | | | 2. 찬 후식류 조리 | 1. 찬 후식조리방법의 종류와 특성<br>2. 찬 후식조리 종류에 따른 조리 |
| | | | 3. 후식류 완성 | 1. 후식조리 종류에 따른 소스 선택<br>2. 후식조리 종류에 따른 기초 장식 |
| | | 11. 중식 식품 조각 | 1. 식품 조각 만들기 | 1. 식품조각방법의 종류와 특성<br>2. 식품조각 종류에 따른 기법 |
| | | | 2. 식품 조각 완성 | 1. 식품조각 종류에 따른 기초 장식 |
| | | 12. 중식 튀김 조리 | 1. 튀김 조리 | 1. 튀김조리방법의 종류와 특성<br>2. 튀김조리 종류에 따른 소스조리 |
| | | | 2. 튀김 완성 | 1. 튀김조리 종류에 따른 소스 선택<br>2. 튀김조리 종류에 따른 기초 장식 |
| | | 13. 중식 면 조리 | 1. 반죽하여 면 뽑기 | 1. 면조리 방법의 종류와 특성 |
| | | | 2. 면 삶아 담기 | 1. 면조리 종류에 따른 삶는 방법 |
| | | | 3. 요리별 조리 하여 완성 | 1. 면조리 종류에 따른 소스 선택 |

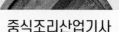

| 직무분야 | 음식서비스 | 중직무분야 | 조리 | 자격종목 | 중식조리산업기사 | 적용기간 | 2022.1.1.~ 2024.12.31. |
|---|---|---|---|---|---|---|---|

● 직무내용 : 중식메뉴 계획에 따라, 식재료를 선정, 구매, 검수, 보관 및 저장하며, 맛과 영양을 고려하여 안전하고 위생적으로 음식을 조리하고 조리기구와 시설관리 및 급식·외식경영을 수행하는 직무이다.

● 수행준거 : 1. 전채요리로서 메뉴의 특성에 맞는 적합한 재료를 이용하여 냉채요리를 조리할 수 있다.
2. 딤섬류의 종류에 따라 밀가루와 전분 반죽에 육류와 해산물·채소류를 이용한 소를 넣어 다양한 모양으로 만들어 조리할 수 있다.
3. 중식 육수에 육류와 해산물류·채소류와 양념류를 넣어 수프와 탕의 특성에 따라 조리할 수 있다.
4. 육류·생선류·채소류·두부에 각종 양념과 소스를 이용하여 볶음요리를 할 수 있다.
5. 육류·해물류 등 재료 특성에 어울리는 양념이나 소스를 이용하여 찜 요리를 할 수 있다.
6. 구이 재료의 특성을 이해하고 그에 따른 조리법에 맞추어 조리할 수 있다.
7. 주 요리와 어울릴 수 있도록 더운 후식류나 찬 후식류를 조리할 수 있다.
8. 중식조리작업 수행에 필요한 위생관련지식을 이해하고 주방의 청결상태와 개인위생·식품위생을 관리하여 전반적인 조리작업을 위생적으로 수행할 수 있다.
9. 조리사가 주방에서 일어날 수 있는 사고와 재해에 대하여 안전기준 확인, 안전수칙 준수, 안전예방 활동을 할 수 있다.
10. 계절·장소·목적 등에 따라 메뉴를 구성하고, 개발하며 메뉴관리를 할 수 있다.
11. 요리와 조화를 이루어, 음식에 맞는 이미지연출로 시각적으로 표현할 수 있다.
12. 육류·갑각류·어패류·채소류·두부류 재료 특성을 이해하고 손질하여 기름에 튀겨 조리할 수 있다.
13. 밀가루의 특성을 이해하고 반죽하여 면을 뽑아 각종 면을 조리할 수 있다.

| 실기검정 방법 | 작업형 | 시험시간 | 2시간 정도 |
|---|---|---|---|

| 실기 과목명 | 주요항목 | 세부항목 | 세세항목 |
|---|---|---|---|
| 중식 조리 실무 | 1. 중식 위생 관리 | 1. 개인 위생 관리하기 | 1. 위생관리기준에 따라 조리복, 조리모, 앞치마, 조리안전화 등을 착용할 수 있다. <br> 2. 두발, 손톱, 손 등 신체청결을 유지하고 작업수행 시 위생습관을 준수할 수 있다. <br> 3. 근무 중의 흡연, 음주, 취식 등에 대한 작업장 근무수칙을 준수할 수 있다. <br> 4. 위생관련법규에 따라 질병, 건강검진 등 건강상태를 관리하고 보고할 수 있다. |
|  |  | 2. 식품 위생 관리하기 | 1. 식품의 유통기한·품질 기준을 확인하여 위생적인 선택을 할 수 있다. <br> 2. 채소·과일의 농약 사용여부와 유해성을 인식하고 세척할 수 있다. <br> 3. 식품의 위생적 취급기준을 준수할 수 있다. <br> 4. 식품의 반입부터 저장, 조리과정에서 유독성, 유해물질의 혼입을 방지할 수 있다. |

| 실기 과목명 | 주요항목 | 세부항목 | 세세항목 |
|---|---|---|---|
| | | 3. 주방 위생 관리하기 | 1. 주방 내에서 교차오염 방지를 위해 조리생산 단계별 작업공간을 구분하여 사용할 수 있다.<br>2. 주방위생에 있어 위해요소를 파악하고, 예방할 수 있다.<br>3. 주방, 시설 및 도구의 세척, 살균, 해충·해서 방제작업을 정기적으로 수행할 수 있다.<br>4. 시설 및 도구의 노후상태나 위생상태를 점검하고 관리할 수 있다.<br>5. 식품이 조리되어 섭취되는 전 과정의 주방 위생상태를 점검하고 관리할 수 있다.<br>6. HACCP적용 업장의 경우 HACCP관리기준에 의해 관리할 수 있다. |
| | 2. 중식 안전 관리 | 1. 개인 안전 관리하기 | 1. 안전관리 지침서에 따라 개인 안전관리 점검표를 작성할 수 있다.<br>2. 개인안전사고 예방을 위해 도구 및 장비의 정리정돈을 상시 할 수 있다.<br>3. 주방에서 발생하는 개인 안전사고의 유형을 숙지시키고 예방을 위한 안전수칙을 교육할 수 있다.<br>4. 주방 내 필요한 구급품이 적정 수량 비치되었는지 확인하고 개인 안전 보호 장비를 정확하게 착용하여 작업하는지 확인할 수 있다.<br>5. 개인이 사용하는 칼에 대해 사용안전, 이동안전, 보관 안전을 수행할 수 있다.<br>6. 개인의 화상사고, 낙상사고, 근육팽창과 골절사고, 절단사고, 전기기구에 인한 전기 쇼크 사고, 화재사고와 같은 사고 예방을 위해 주의사항을 숙지하고 실천할 수 있다.<br>7. 개인 안전사고 발생 시 신속 정확한 응급조치를 실시하고 재발 방지 조치를 실행할 수 있다. |
| | | 2. 장비·도구 안전관리 하기 | 1. 조리장비·도구에 대한 종류별 사용방법에 대해 주의사항을 숙지할 수 있다.<br>2. 조리장비·도구를 사용 전 이상 유무를 점검할 수 있다.<br>3. 안전 장비 류 취급 시 주의사항을 숙지하고 실천할 수 있다.<br>4. 조리장비·도구를 사용 후 전원을 차단하고 안전수칙을 지키며 분해하여 청소할 수 있다.<br>5. 무리한 조리장비·도구 취급은 금하고 사용 후 일정한 장소에 보관하고 점검할 수 있다.<br>6. 모든 조리장비·도구는 반드시 목적 이외의 용도로 사용하지 않고 규격품을 사용할 수 있다. |

| 실기 과목명 | 주요항목 | 세부항목 | 세세항목 |
|---|---|---|---|
| | | 3. 작업환경 안전관리하기 | 1. 작업환경 안전관리 시 작업환경 안전관리 지침서를 작성할 수 있다.<br>2. 작업환경 안전관리 시 작업장주변 정리 정돈 등을 관리 점검할 수 있다.<br>3. 작업환경 안전관리 시 제품을 제조하는 작업장 및 매장의 온·습도관리를 통하여 안전사고요소 등을 제거할 수 있다.<br>4. 작업장 내의 적정한 수준의 조명과 환기, 이물질, 미끄럼 및 오염을 방지할 수 있다.<br>5. 작업환경에서 필요한 안전관리시설 및 안전용품을 파악하고 관리할 수 있다.<br>6. 작업환경에서 화재의 원인이 될 수 있는 곳을 자주 점검하고 화재진압기를 배치하고 사용할 수 있다.<br>7. 작업환경에서의 유해, 위험, 화학물질을 처리기준에 따라 관리할 수 있다.<br>8. 안전관리 책임자는 업무를 수행하는 인원을 대상으로 월1회 안전교육을 실시할 수 있다. |
| 3. 중식 메뉴 관리 | 1. 메뉴 계획하기 | | 1. 균형 잡힌 식단 구성 방식을 감안하여 메뉴를 구성할 수 있다.<br>2. 원가, 식재료, 시설용량, 경제성을 감안하여 메뉴 구성을 조정할 수 있다.<br>3. 메뉴의 식재료, 조리방법, 메뉴 명, 메뉴판 작성 등 사용되는 용어와 명칭을 정확히 구분하고 사용할 수 있다.<br>4. 수익성과 선호도에 따른 메뉴 엔지니어링을 할 수 있다.<br>5. 공헌이익을 높일 수 있는 메뉴구성을 할 수 있다. |
| | 2. 메뉴개발하기 | | 1. 고객의 수요예측, 수익성, 이용 가능한 식자재, 조리설비, 메뉴의 다양성, 그리고 영양적 요소를 파악할 수 있다.<br>2. 고객의 식습관과 선호도에 미치는 경제적, 사회적, 지역적, 그리고 형태적 영향을 파악하고 활용할 수 있다.<br>3. 주방에서 보유한 조리기구의 특성을 이해하고, 메뉴의 영양적 요소와 설명을 제시할 수 있다.<br>4. 지역적 위치와 고객수준 등을 고려한 입지분석과 계층분석을 할 수 있다.<br>5. 식재료 전반에 관한 외부적인 환경을 파악하여 메뉴를 개발할 수 있다. |
| | 3. 메뉴원가 계산하기 | | 1. 실제원가를 일단위, 월단위로 계산하며, 이에 대한 의사결정을 할 수 있다.<br>2. 원가, 식재료, 시설용량, 경제성을 감안하여 메뉴 구성을 할 수 있다.<br>3. 당일 식료수입과 재료에 대한현황을 파악하여 실제원가를 알 수 있다.<br>4. 당일 매출 보고서를 이해하고 매출에 대한 재료비율을 산출할 수 있다.<br>5. 부분별 재료 선입선출에 의한 품목별 단위원가를 산출하여 총원가를 계산할 수 있다. |

| 실기 과목명 | 주요항목 | 세부항목 | 세세항목 |
|---|---|---|---|
| 4. 중식 냉채 조리 | 1. 냉채 준비 하기 | 1. 선택된 메뉴를 고려하여 냉채요리를 선정할 수 있다.<br>2. 냉채조리의 특성과 성격을 고려하여 재료를 선정할 수 있다.<br>3. 재료를 계절과 재료 수급 등 냉채요리 종류에 맞추어 손질할 수 있다. |
| | 2. 기초 장식 만들기 | 1. 요리에 따른 기초 장식을 선정할 수 있다.<br>2. 재료의 특성을 고려하여 기초 장식을 만들 수 있다.<br>3. 만들어진 기초 장식을 보관·관리할 수 있다. |
| | 3. 냉채 조리 하기 | 1. 무침·데침·찌기·삶기·조림 등의 조리방법을 표준 조리법에 따라 적용할 수 있다.<br>2. 해산물, 육류 및 가금류 등 냉채의 일부로서 사용되는 재료를 표준조리법에 따라 준비하여 조리할 수 있다.<br>3. 냉채 종류에 따른 적합한 소스를 선택하여 조리할 수 있다.<br>4. 숙성 및 발효가 필요한 소스를 조리할 수 있다. |
| | 4. 냉채 완성 하기 | 1. 전체 식단의 양과 구성을 고려하여 제공하는 양을 조절할 수 있다.<br>2. 냉채요리의 모양새와 제공 방법을 고려하여 접시를 선택할 수 있다.<br>3. 숙성 시간과 온도, 선도를 고려하여 요리를 담아낼 수 있다.<br>4. 냉채요리에 어울리는 기초 장식을 사용할 수 있다. |
| 5. 중식 딤섬 조리 | 1. 딤섬 준비 하기 | 1. 딤섬의 특성을 고려하여 적합한 재료를 선정할 수 있다.<br>2. 재료를 딤섬 종류에 맞추어 손질할 수 있다.<br>3. 조리법에 따라 소 재료를 준비할 수 있다. |
| | 2. 딤섬 빚기 | 1. 딤섬을 만들기 위한 반죽과 숙성을 할 수 있다.<br>2. 딤섬 조리법에 따라 소를 준비할 수 있다.<br>3. 원하는 모양의 딤섬을 빚을 수 있다.<br>4. 달라붙거나 갈라지는 것을 방지하여 조리 전의 모양을 유지할 수 있다. |
| | 3. 딤섬 익히기 | 1. 딤섬의 모양과 크기에 따라 조리 시간과 익히는 방법을 선택할 수 있다.<br>2. 표준조리법에 따라 화력과 가열시간 조절, 뜸들이기를 할 수 있다.<br>3. 설익거나 풀어지지 않도록 조리법을 준수하여 삶거나 쪄낼 수 있다. |
| | 4. 딤섬 완성 하기 | 1. 딤섬의 모양과 종류에 따라 용기를 준비, 활용할 수 있다.<br>2. 딤섬을 색깔, 맛과 온도를 유지하여 담을 수 있다.<br>3. 딤섬에 어울리는 소스를 제공할 수 있다. |
| 6. 중식 수프· 탕조리 | 1. 수프·탕 준비하기 | 1. 수프의 특성을 고려하여 적합한 재료를 선정할 수 있다.<br>2. 탕의 특성을 고려하여 적합한 재료를 선정할 수 있다.<br>3. 각 재료를 수프·탕의 종류에 맞추어 손질할 수 있다. |

| 실기 과목명 | 주요항목 | 세부항목 | 세세항목 |
|---|---|---|---|
| | | 2. 수프 · 탕 조리하기 | 1. 재료와 육수의 비율을 맞추어 조리를 준비할 수 있다.<br>2. 표준조리법에 따라 끓이는 시간과 화력의 강약을 조절할 수 있다.<br>3. 메뉴별 풍미를 위한 향신료를 선택하여 사용할 수 있다.<br>4. 메뉴별 표준조리법에 따라 전분을 이용하여 농도를 조절할 수 있다. |
| | | 3. 수프 · 탕 완성하기 | 1. 메뉴별 표준조리법에 따라 향, 맛, 농도, 색상을 고려하여 담을 수 있다.<br>2. 보관이나 운반을 위한 조치를 취할 수 있다.<br>3. 메뉴의 특성을 고려하여 어울리는 곁들임을 할 수 있다. |
| | 7. 중식 볶음 조리 | 1. 볶음 준비하기 | 1. 볶음의 특성을 고려하여 적합한 재료를 선정할 수 있다.<br>2. 볶음 방법에 따른 조리용 매개체(물, 기름류, 양념류)를 이용하고 선정할 수 있다.<br>3. 각 재료를 볶음의 종류에 맞게 준비할 수 있다. |
| | | 2. 볶음 조리 하기 | 1. 재료를 볶음요리에 맞게 썰 수 있다.<br>2. 썰어진 재료를 조리 순서에 맞게 기름에 익히거나 물에 데칠 수 있다.<br>3. 화력의 강약을 조절하고 양념과 향신료를 첨가하여 볶음요리를 할 수 있다.<br>4. 메뉴별 표준조리법에 따라 전분을 이용하여 볶음요리의 농도를 조절할 수 있다. |
| | | 3. 볶음 완성 하기 | 1. 볶음요리의 종류와 제공방법에 따라 그릇을 선택할 수 있다.<br>2. 메뉴에 따라 어울리는 기초 장식을 할 수 있다.<br>3. 메뉴의 표준조리법에 따라 볶음요리를 담을 수 있다. |
| | 8. 중식 찜조리 | 1. 찜 준비하기 | 1. 찜의 특성을 고려하여 찜에 알맞은 재료를 선정할 수 있다.<br>2. 찜 요리의 종류에 맞추어 재료를 준비할 수 있다.<br>3. 찜 요리의 특성에 맞는 도구를 선택할 수 있다. |
| | | 2. 찜 조리하기 | 1. 재료를 각 찜 요리의 특성에 맞게 손질할 수 있다.<br>2. 손질한 재료를 기름에 익히거나 물에 데칠 수 있다.<br>3. 찜 요리를 위해 찜기의 화력을 강약으로 조절할 수 있다.<br>4. 찜 요리에 따라 양념과 향신료를 사용할 수 있다.<br>5. 찜 요리 종류에 따라 전분으로 농도를 조절하여 완성할 수 있다. |
| | | 3. 찜 완성하기 | 1. 찜 요리의 종류와 크기에 따라 그릇을 선택할 수 있다.<br>2. 찜 요리에 어울리는 기초 장식을 할 수 있다.<br>3. 요리의 특성에 따라 색깔, 맛, 향, 온도를 고려하여 요리를 담을 수 있다.<br>4. 도구를 사용하여 알맞은 크기로 요리를 잘라 제공할 수 있다. |

| 실기 과목명 | 주요항목 | 세부항목 | 세세항목 |
|---|---|---|---|
| 9. 중식 구이 조리 | 1. 구이 준비 하기 | 1. 구이의 특성을 고려하여 적합한 재료를 선정할 수 있다.<br>2. 각 재료를 구이의 종류에 맞게 준비할 수 있다.<br>3. 구이의 종류에 맞게 도구를 선택할 수 있다. |
| | | 2. 구이 조리 하기 | 1. 재료를 각 구이요리의 특성에 맞게 손질할 수 있다.<br>2. 구이의 종류에 따라 손질한 재료를 기름에 익히거나 물에 데칠 수 있다.<br>3. 재료에 따라 구이 온도를 조절하며 양념과 향신료를 첨가하여 구이요리를 할 수 있다.<br>4. 각 구이의 종류에 따라 소스와 양념장을 만들 수 있다. |
| | | 3. 구이 완성 하기 | 1. 구이요리의 종류에 따라 그릇을 선택할 수 있다.<br>2. 구이요리에 어울리는 기초 장식을 할 수 있다.<br>3. 색깔, 맛, 향, 온도를 고려하여 구이요리를 담을 수 있다.<br>4. 도구를 사용하여 적합한 크기로 요리를 잘라 제공할 수 있다. |
| 10. 중식 후식 조리 | 1. 후식 준비 하기 | 1. 주 메뉴의 구성을 고려하여 알맞은(적합한) 후식요리를 선정할 수 있다.<br>2. 표준조리법에 따라 후식재료를 선택할 수 있다.<br>3. 소비량을 고려하여 재료의 양을 미리 조정할 수 있다.<br>4. 재료에 따라 전처리하여 사용할 수 있다. |
| | | 2. 더운 후식류 만들기 | 1. 메뉴의 구성에 따라 더운 후식의 재료를 준비할 수 있다.<br>2. 용도에 맞게 재료를 알맞은 모양으로 잘라 준비할 수 있다.<br>3. 조리재료에 따라 튀김 기름의 종류, 양과 온도를 조절할 수 있다.<br>4. 재료 특성에 맞게 튀김을 할 수 있다.<br>5. 알맞은 온도와 시간으로 설탕을 녹여 재료를 버무릴 수 있다. |
| | | 3. 찬 후식류 만들기 | 1. 재료를 후식요리에 맞게 썰 수 있다.<br>2. 후식류의 특성에 맞추어 조리를 할 수 있다.<br>3. 용도에 따라 찬 후식류를 만들 수 있다. |
| | | 4. 후식류 완성하기 | 1. 후식요리의 종류와 모양에 따라 알맞은 그릇을 선택할 수 있다.<br>2. 표준조리법에 따라 용도에 알맞은 소스를 만들 수 있다.<br>3. 더운 후식요리는 온도와 시간을 조절하여 빠스 요리를 만들 수 있다.<br>4. 후식요리의 종류에 맞춰 담아낼 수 있다. |
| 11. 중식 식품 조각 | 1. 식품 조각 준비하기 | 1. 요리의 특성을 고려하여 적합한 식품조각 재료를 선정할 수 있다.<br>2. 각 재료를 식품조각의 종류에 맞게 준비할 수 있다.<br>3. 식품조각의 종류에 맞게 도구를 선택할 수 있다. |

| 실기 과목명 | 주요항목 | 세부항목 | 세세항목 |
|---|---|---|---|
| | | 2. 식품 조각 만들기 | 1. 재료를 각 식품조각의 특성에 맞게 손질할 수 있다.<br>2. 식품조각의 종류에 따라 손질한 재료를 조각할 수 있다.<br>3. 재료에 따라 조각도를 활용하여 대상과 요리에 맞게 식품조각을 할 수 있다.<br>4. 각 식품조각의 종류에 따라 특징을 고려하여 조각할 수 있다. |
| | | 3. 식품 조각 완성하기 | 1. 식품조각에 작품에 따른 테이블과 접시를 선택할 수 있다.<br>2. 요리에 어울리는 기초 장식을 할 수 있다.<br>3. 요리를 고려하여 식품조각을 장식할 수 있다.<br>4. 도구를 사용하여 적합한 크기로 고정하여 장식할 수 있다. |
| | 12. 중식 튀김 조리 | 1. 튀김 조리 하기 | 1. 재료를 튀김요리에 맞게 썰 수 있다.<br>2. 용도에 따라 튀김옷 재료를 준비할 수 있다.<br>3. 조리재료에 따라 기름의 종류, 양과 온도를 조절할 수 있다.<br>4. 재료 특성에 맞게 튀김을 할 수 있다.<br>5. 사용한 기름의 재사용 또는 폐기를 위한 처리를 할 수 있다. |
| | | 2. 튀김 완성하기 | 1. 튀김요리의 종류에 따라 그릇을 선택할 수 있다.<br>2. 튀김요리에 어울리는 기초 장식을 할 수 있다.<br>3. 표준조리법에 따라 색깔, 맛, 향, 온도를 고려하여 튀김요리를 담을 수 있다. |
| | 13. 중식 면조리 | 1. 반죽하여 면 뽑기 | 1. 면의 종류에 따라 적합하게 반죽하여 숙성할 수 있다.<br>2. 면 요리에 따라 수타면과 제면기를 이용하여 면을 뽑을 수 있다.<br>3. 면 요리에 따라 면의 두께를 조절할 수 있다. |
| | | 2. 면 삶아 담기 | 1. 면의 종류와 양에 따라 끓는 물에 삶을 수 있다.<br>2. 삶은 면을 찬물에 헹구어 면을 탄력 있게 할 수 있다.<br>3. 메뉴에 따라 적합한 그릇을 선택하여 차거나 따뜻하게 담을 수 있다. |
| | | 3. 요리별 조리하여 완성하기 | 1. 메뉴에 따라 소스나 국물을 만들 수 있다.<br>2. 요리별 표준조리법에 따라 색깔, 맛, 향, 온도, 농도, 국물의 양을 고려하여 소스나 국물을 담을 수 있다.<br>3. 메뉴에 따라 어울리는 기초 장식을 할 수 있다. |

# 필 기 출 제 기 준

| 직무분야 | 음식 서비스 | 중직무분야 | 조리 | 자격종목 | 조리기능장 | 적용기간 | 2025.1.1.~ 2027.12.31. |
|---|---|---|---|---|---|---|---|

● 직무내용 : 한식, 양식, 일식, 중식, 복어조리부문의 책임자로서 제공될 음식에 대한 개발 및 계획을 세우고 조리할 재료를 선정, 구입, 검수, 보관 및 저장하여 맛과 영양, 위생적인 관리로 안전한 음식을 제공하고, 조리업장과 급식 및 외식 등을 총괄하는 직무이다.

| 필기검정 방법 | 객관식 | 문제수 | 60 | 시험시간 | 1시간 |
|---|---|---|---|---|---|

| 필기 과목명 | 문제수 | 주요항목 | 세부항목 | 세세항목 |
|---|---|---|---|---|
| 공중보건, 식품위생 및 관련 법규, 식품학, 조리이론 및 급식관리 | 60 | 1. 공중보건 | 1. 공중보건의 개념 | 1. 공중보건의 개념 |
| | | | 2. 환경위생 및 환경오염 | 1. 일광<br>2. 공기 및 대기오염<br>3. 상하수도, 오물처리 및 수질오염<br>4. 구충·구서 |
| | | | 3. 산업보건 | 1. 산업보건의 개념과 직업병관리 |
| | | | 4. 역학 및 질병관리 | 1. 역학 일반<br>2. 급만성감염병관리<br>3. 식품과 기생충병 및 위생동물<br>4. 생활습관병관리 |
| | | | 5. 보건관리 | 1. 보건행정 및 보건통계<br>2. 인구와 보건<br>3. 보건영양<br>4. 모자보건, 성인 및 노인보건<br>5. 학교보건 |
| | | 2. 식품위생 | 1. 식품위생의 개념 | 1. 식품위생의 개요<br>2. 개인 위생관리<br>3. 작업장 위생관리 |
| | | | 2. 식품과 미생물 | 1. 미생물의 종류와 특성<br>2. 미생물에 의한 식품의 변질<br>3. 미생물 관리<br>4. 미생물에 의한 감염과 면역 |
| | | | 3. 식중독 관리 | 1. 세균성 및 바이러스성 식중독<br>2. 자연독 식중독<br>3. 화학적 식중독<br>4. 곰팡이 독소 |

| 필기 과목명 | 문제수 | 주요항목 | 세부항목 | 세세항목 |
|---|---|---|---|---|
| | | | 4. 작업환경 안전관리 | 1. 작업장 환경관리<br>2. 작업장 안전관리<br>3. 화재예방 및 조치방법<br>4. 산업안전보건법 및 관련지침 |
| | | | 5. 살균 및 소독 | 1. 물리적 살균 및 소독<br>2. 화학적 살균 및 소독 |
| | | | 6. 식품첨가물 | 1. 식품첨가물 일반정보<br>2. 식품첨가물 규격기준 |
| | | | 7. 유해물질 | 1. 중금속<br>2. 조리 및 가공 중의 유해물질 |
| | | | 8. 식품안전관리인증기준 (HACCP) | 1. 선행요건관리<br>2. HACCP 원칙과 절차 |
| | | | 9. 안전관리 | 1. 개인 안전사고 예방 및 응급조치<br>2. 작업장 안전관리<br>3. 화재예방 및 화재진압<br>4. 유해, 위험, 화학물질 관리<br>5. 산업안전보건법 |
| | | 3. 식품위생관계법규 | 1. 식품위생법령 | 1. 식품위생법<br>2. 식품위생법 시행령<br>3. 식품위생법 시행규칙 등 |
| | | | 2. 농수산물의 원산지 표시에 관한 법령 | 1. 농수산물의 원산지 표시에 관한 법률<br>2. 농수산물의 원산지 표시에 관한 법률 시행령<br>3. 농수산물의 원산지 표시에 관한 법률 시행규칙 등 |
| | | | 3. 식품 등의 표시·광고에 관한 법령 | 1. 식품 등의 표시·광고에 관한 법률<br>2. 식품 등의 표시·광고에 관한 법률 시행령<br>3. 식품 등의 표시·광고에 관한 법률 시행규칙 등 |
| | | 4. 식품학 | 1. 식품과 영양 | 1. 영양소의 기능 및 영양섭취기준 |
| | | | 2. 식품의 성분 | 1. 탄수화물<br>2. 지질<br>3. 단백질<br>4. 무기질<br>5. 비타민<br>6. 수분<br>7. 식품의 맛<br>8. 식품의 색<br>9. 식품의 갈변 |

| 필기 과목명 | 문제수 | 주요항목 | 세부항목 | 세세항목 |
|---|---|---|---|---|
| | | | | 10. 식품의 냄새 |
| | | | | 11. 기타 특수성분 |
| | | | | 12. 효소 |
| | | | | 13. 식품의 물성 |
| | | 5. 조리이론 | 1. 조리의 정의와 목적 | 1. 조리의 정의와 목적 |
| | | | | 2. 조리과학을 위한 지식 |
| | | | 2. 조리과학 | 1. 조리의 기본조작 |
| | | | | 2. 비가열조리 |
| | | | | 3. 가열조리 |
| | | | 3. 식생활 문화 (한식, 양식, 중식, 일식, 복어) | 1. 음식의 문화와 배경 |
| | | | | 2. 음식의 분류 |
| | | | | 3. 특징 및 용어 |
| | | | 4. 식재료의 조리 및 가공·저장 | 1. 곡류 |
| | | | | 2. 밀가루 |
| | | | | 3. 두류 |
| | | | | 4. 육류 |
| | | | | 5. 어패류 |
| | | | | 6. 난류 |
| | | | | 7. 우유 |
| | | | | 8. 채소 및 과일 |
| | | | | 9. 냉동식품 |
| | | | | 10. 조미료와 향신료 |
| | | 6. 급식 및 외식 경영 관리 | 1. 급식관리 | 1. 단체급식의 목적 |
| | | | | 2. 단체급식의 분류 |
| | | | 2. 메뉴관리 | 1. 식품군 및 식사구성안 |
| | | | | 2. 레시피 작성 |
| | | | | 3. 메뉴의 특성 분석 및 개발 |
| | | | 3. 원가관리 | 1. 원가의 개념 |
| | | | | 2. 원가분석 및 계산 |
| | | | 4. 식재료 구매 및 검수 관리 | 1. 식재료 구매 및 검수관리 |
| | | | | 2. 식품 출납관리 |
| | | | 5. 주방관리 | 1. 작업장의 동선관리 |
| | | | | 2. 작업장의 안전관리 |
| | | | | 3. 설비 및 조리기기 관리 |
| | | | | 4. 인력관리 |

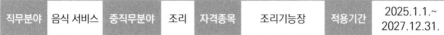

## 조리기능장
# 실 기 출 제 기 준

| 직무분야 | 음식 서비스 | 중직무분야 | 조리 | 자격종목 | 조리기능장 | 적용기간 | 2025.1.1.~<br>2027.12.31. |
|---|---|---|---|---|---|---|---|

- 직무내용 : 한식, 양식, 일식, 중식, 복어조리부문의 책임자로서 제공될 음식에 대한 개발 및 계획을 세우고 조리할 재료를 선정, 구입, 검수, 보관 및 저장하여 맛과 영양, 위생적인 관리로 안전한 음식을 제공하고, 조리업 장과 급식 및 외식 등을 총괄하는 직무이다.
- 수행준거 : 1. 한식, 양식, 중식, 일식, 복어조리의 고유한 형태와 맛을 표현할 수 있다.(한식조리는 공통으로 하며, 양식, 일식, 중식, 복어조리 중 택1)
  2. 식재료의 특성을 이해하고 용도에 맞게 손질할 수 있다.
  3. 레시피를 정확하게 숙지하고 적절한 도구 및 기구를 사용할 수 있다.
  4. 조리기술을 능숙하게 할 수 있다.
  5. 조리과정이 위생적이고, 정리정돈을 잘 할 수 있다.

| 실기검정<br>방법 | 작업형 | 시험시간 | 5시간 정도 |
|---|---|---|---|

| 실기 과목명 | 주요항목 | 세부항목 | 세세항목 |
|---|---|---|---|
| 조리 작업 | 1. 조리작업<br>관리 | 1. 조리작업 위<br>생관리하기 | 1. 위생복·위생모·앞치마 착용 등 개인위생 청결 상태 및<br>안전관리를 유지할 수 있다.<br>2. 식재료를 청결하게 취급하며 전 조리과정을 위생적으<br>로 정리정돈하고 관리할 수 있다.<br>3. 개인위생, 식품위생, 주방위생을 관리할 수 있다. |
|  |  | 2. 안전관리 | 1. 개인 안전, 장비·도구 안전, 작업환경 안전관리를 할<br>수 있다. |
|  | 2. 조리기초<br>작업 | 1. 식재료 식별<br>하기 | 1. 식재료의 상태를 식별할 수 있다. |
|  |  | 2. 식재료별<br>기초손질 및<br>모양썰기 | 1. 식재료를 각 음식의 형태와 특징에 따라 분류하고 손질<br>할 수 있다. |
|  |  | 3. 숙련된 기술<br>로 조리하기 | 1. 숙련된 기술로 정해진 시간 내에 조리할 수 있다. |
|  | 3. 한식조리<br>작업 | 1. 밥 · 죽류<br>조리하기 | 1. 재료를 준비하고 능숙하게 밥, 죽류를 조리할 수 있다. |
|  |  | 2. 한식면류<br>조리하기 | 1. 재료를 준비하고 능숙하게 한식면류를 조리할 수 있다. |
|  |  | 3. 국과 탕류<br>조리하기 | 1. 재료를 준비하고 능숙하게 국과 탕류를 조리할 수 있다. |
|  |  | 4. 전골과 찌개류<br>조리하기 | 1. 재료를 준비하고 능숙하게 전골과 찌개류를 조리할<br>수 있다. |

| 실기 과목명 | 주요항목 | 세부항목 | 세세항목 |
|---|---|---|---|
| | | 5. 찜과 선류 조리하기 | 1. 재료를 준비하고 능숙하게 찜과 선류를 조리할 수 있다. |
| | | 6. 생채 · 숙채 · 회류 조리하기 | 1. 재료를 준비하고 능숙하게 생채 · 숙채 · 회류를 조리할 수 있다. |
| | | 7. 전, 적, 구이, 튀김 조리하기 | 1. 재료를 준비하고 능숙하게 전, 적, 구이, 튀김을 조리할 수 있다.. |
| | | 8. 조림, 초, 볶음류 조리하기 | 1. 재료를 준비하고 능숙하게 조림, 초, 볶음류를 조리할 수 있다. |
| | | 9. 마른찬류 조리하기 | 1. 재료를 준비하고 능숙하게 마른찬류를 조리할 수 있다. |
| | | 10. 장아찌류 조리하기 | 1. 재료를 준비하고 능숙하게 장아찌류를 조리할 수 있다. |
| | | 11. 한과류 조리하기 | 1. 재료를 준비하고 능숙하게 한과류를 조리할 수 있다. |
| | | 12. 김치류 조리하기 | 1. 재료를 준비하고 능숙하게 김치류를 조리할 수 있다. |
| | | 13. 음청류 조리하기 | 1. 재료를 준비하고 능숙하게 음청류를 조리할 수 있다. |
| | 4. 양식조리 작업 | 1. 스톡 조리하기 | 1. 재료를 준비하고 능숙하게 스톡류를 조리할 수 있다. |
| | | 2. 소스조리하기 | 1. 재료를 준비하고 능숙하게 소스류를 조리할 수 있다. |
| | | 3. 수프조리하기 | 1. 재료를 준비하고 능숙하게 수프류를 조리할 수 있다. |
| | | 4. 전채요리 조리하기 | 1. 재료를 준비하고 능숙하게 전채류를 조리할 수 있다. |
| | | 5. 샐러드 조리하기 | 1. 재료를 준비하고 능숙하게 샐러드류를 조리할 수 있다. |
| | | 6. 어패류요리 조리하기 | 1. 재료를 준비하고 능숙하게 어패류요리를 조리할 수 있다. |
| | | 7. 육류요리 조리하기 | 1. 재료를 준비하고 능숙하게 육류를 조리할 수 있다. |
| | | 8. 면류(파스타) 조리하기 | 1. 재료를 준비하고 능숙하게 파스타류를 조리할 수 있다. |
| | | 9. 조식요리 조리하기 | 1. 재료를 준비하고 능숙하게 조식요리를 조리할 수 있다. |
| | | 10. 채소류요리 조리하기 | 1. 재료를 준비하고 능숙하게 채소류요리를 조리할 수 있다. |

| 실기 과목명 | 주요항목 | 세부항목 | 세세항목 |
|---|---|---|---|
| | | 11. 쌀 요리 조리하기 | 1. 재료를 준비하고 능숙하게 쌀요리를 조리할 수 있다. |
| | | 12. 디저트 조리 하기 | 1. 재료를 준비하고 능숙하게 디저트를 조리할 수 있다. |
| | | 13. 연회요리 조리하기 | 1. 재료를 준비하고 능숙하게 연회요리를 조리할 수 있다. |
| | | 14. 푸드 플레 이팅 | 1. 음식을 조리하고 푸드 플레이팅을 할 수 있다. |
| | 5. 중식조리 작업 | 1. 절임·무침 조리하기 | 1. 재료를 준비하고 능숙하게 절임·무침류를 조리할 수 있다. |
| | | 2. 육수·소스 조리하기 | 1. 재료를 준비하고 능숙하게 육수·소스류를 조리할 수 있다. |
| | | 3. 튀김조리하기 | 1. 재료를 준비하고 능숙하게 튀김류를 조리할 수 있다. |
| | | 4. 조림조리하기 | 1. 재료를 준비하고 능숙하게 조림류를 조리할 수 있다. |
| | | 5. 냉채조리하기 | 1. 재료를 준비하고 능숙하게 냉채류를 조리할 수 있다. |
| | | 6. 볶음조리하기 | 1. 재료를 준비하고 능숙하게 볶음류를 조리할 수 있다. |
| | | 7. 찜조리하기 | 1. 재료를 준비하고 능숙하게 찜류를 조리할 수 있다. |
| | | 8. 구이조리하기 | 1. 재료를 준비하고 능숙하게 구이류를 조리할 수 있다. |
| | | 9. 수프, 탕류 조리하기 | 1. 재료를 준비하고 능숙하게 수프, 탕류를 조리할 수 있다. |
| | | 10. 딤섬류 조리 하기 | 1. 재료를 준비하고 능숙하게 딤섬류를 조리할 수 있다. |
| | | 11. 중식 면조리 하기 | 1. 재료를 준비하고 능숙하게 중식 면을 조리할 수 있다. |
| | | 12. 중식 밥조리 하기 | 1. 재료를 준비하고 능숙하게 중식 밥을 조리할 수 있다. |
| | | 13. 중식 후식 조리하기 | 1. 재료를 준비하고 능숙하게 후식조리를 할 수 있다. |
| | | 14. 중식 식품 조각하기 | 1. 재료를 준비하고 능숙하게 식품조각을 할 수 있다. |
| | | 15. 기타 조리 하기 | 1. 기타 요리에 대하여 재료를 준비하고 능숙하게 조리할 수 있다. |
| | 6. 일식조리 작업 | 1. 무침류 조리 하기 | 1. 재료를 준비하고 능숙하게 무침류를 조리할 수 있다. |
| | | 2. 국물류 조리 하기 | 1. 재료를 준비하고 능숙하게 국물류를 조리할 수 있다. |

| 실기 과목명 | 주요항목 | 세부항목 | 세세항목 |
|---|---|---|---|
| | | 3. 회류 조리하기 | 1. 재료를 준비하고 능숙하게 회류를 조리할 수 있다. |
| | | 4. 조림류 조리하기 | 1. 재료를 준비하고 능숙하게 조림류를 조리할 수 있다. |
| | | 5. 구이류 조리하기 | 1. 재료를 준비하고 능숙하게 구이류를 조리할 수 있다. |
| | | 6. 튀김류 조리하기 | 1. 재료를 준비하고 능숙하게 튀김류를 조리할 수 있다. |
| | | 7. 찜류 조리하기 | 1. 재료를 준비하고 능숙하게 찜류를 조리할 수 있다. |
| | | 8. 후식 조리하기 | 1. 재료를 준비하고 능숙하게 후식을 조리할 수 있다. |
| | | 9. 초밥류 조리하기 | 1. 재료를 준비하고 능숙하게 초밥류를 조리할 수 있다. |
| | | 10. 면류 조리하기 | 1. 재료를 준비하고 능숙하게 면류를 조리할 수 있다. |
| | | 11. 볶음류 조리하기 | 1. 재료를 준비하고 능숙하게 볶음류를 조리할 수 있다. |
| | | 12. 냄비요리 조리하기 | 1. 재료를 준비하고 능숙하게 냄비류를 조리할 수 있다. |
| | | 13. 죽 조리하기 | 1. 재료를 준비하고 능숙하게 죽을 조리할 수 있다. |
| | | 14. 밥류 조리하기 | 1. 재료를 준비하고 능숙하게 밥류를 조리할 수 있다. |
| | | 15. 굳힘 조리하기 | 1. 재료를 준비하고 능숙하게 굳힘류를 조리할 수 있다. |
| | 7. 복어조리작업 | 1. 어종감별하기 | 1. 복어의 계절별 유독성분의 어종구분을 할 수 있다.<br>2. 복어의 명칭구분을 할 수 있다. |
| | | 2. 독성제거하기 | 1. 복어의 독성 제거작업을 할 수 있다.<br>2. 가식부위와 불가식부위를 구분할 수 있다. |
| | | 3. 복어초회 조리하기 | 1. 재료를 준비하고 능숙하게 복어초회류를 조리할 수 있다. |
| | | 4. 복어 껍질굳힘 조리하기 | 1. 재료를 준비하고 능숙하게 복어 굳힘류를 조리할 수 있다. |
| | | 5. 복어 맑은탕 조리하기 | 1. 재료를 준비하고 능숙하게 복어 맑은탕류를 조리할 수 있다. |
| | | 6. 복어 회 조리하기 | 1. 재료를 준비하고 능숙하게 회 요리류를 조리할 수 있다. |

| 실기 과목명 | 주요항목 | 세부항목 | 세세항목 |
|---|---|---|---|
| | | 7. 복어 튀김 조리하기 | 1. 재료를 준비하고 능숙하게 튀김류 요리를 조리할 수 있다. |
| | | 8. 복어 초밥 조리하기 | 1. 재료를 준비하고 능숙하게 복어 초밥류를 조리할 수 있다. |
| | | 9. 복어 구이 조리 | 1. 재료를 준비하고 능숙하게 복어 구이류를 조리할 수 있다. |
| | | 10. 복어 찜 조리하기 | 1. 재료를 준비하고 능숙하게 복어 찜류를 조리할 수 있다. |
| | | 11. 복어 샤브 샤브 조리 하기 | 1. 재료를 준비하고 능숙하게 복어 샤브샤브류를 조리할 수 있다. |
| | | 12. 복어 죽 조리하기 | 1. 재료를 준비하고 능숙하게 복어 죽류를 조리할 수 있다. |
| | 8. 상차림 | 1. 상차림하기 | 1. 적절한 그릇에 담는 원칙에 따라 음식을 모양 있게 담아 음식의 특성을 살려 낼 수 있다.<br>2. 음식이 놓이는 위치를 알고 배선할 수 있다. |

중식조리 기능사·산업기사·기능장

# I

# 이론

# 중국요리

## 1 중국요리의 역사적 배경

중국은 5000년이란 오랜 세월을 두고 넓은 영토와 넓은 영해에서 다양한 산물과 풍부한 해산물을 얻을 수 있을 뿐만 아니라 다양한 민족들이 넓은 지역에서 그들에게 맞는 조리법으로 풍토, 기후, 산물, 풍속, 습관에 따라 지방색이 독특한 맛을 내는 요리로 발전시켰다.

요리는 불로장생을 목표로 하여 오랜 기간의 경험을 토대로 꾸준히 다듬고 연구 · 개발하여 세계적으로 맛있는 요리로 발전시켜 세계 어느 나라를 가더라도 중국집은 반드시 있다. 그만큼 중국요리는 세계적으로 사랑받고 있으며, 나아가 나라의 식성에 맞게 변화되어 중국요리의 영역을 점차 확장하고 있다.

요리는 각 나라의 기후, 지리적 특성, 민족성에 따라 각양각색의 특징을 지니고 있는데 그중에서 중국요리는 다채로운 형태와 독특한 맛에 있어서 세계 최고라 할 수 있다. 특히, 곰 · 자라 · 고양이 · 들쥐 등 육상의 살아 있는 네 발 달린 것, 하늘을 나는 것, 물속에 있는 것은 모두 재료로 쓰인다는 말이 있을 정도로 요리의 재료가 다양하며, 불로장생의 사상과 밀접한 관계를 가지고 한의사를 중심으로 요리법이 발전되었다. 때문에 중국에서 요리사의 위치는 사회적으로도 상당하여 은나라 시대에 이윤(伊尹)은 요리사로서 재상이 된 선례가 있다. 설화 같은 이야기일지 모르지만 요리사가 훌륭한 음식을 만들어 당대 권력자의 측근에서 정치에 참여할 수 있었던 것은 '음식의 나라' 중국이었기에 가능했던 일이다.

## 신화·요순 시대

국가가 성립되지 않은 씨족 부계사회로 요리에 관한 것은 문헌에 나타나지 않고 신화에 의하여 전해 내려오는 시기이다. 천(天), 지(地), 인(人)을 상징하는 3황 시대에는 수인씨가 불을 발견하여 음식을 익혀 먹는 것이 시작되는 음식 혁명의 제1세대이다.

이후 복희씨는 그물을 만들어 고기를 잡고 짐승들을 가두어 제사에 쓰기 위하여 울타리를 치고 가축을 길렀다고 한다. 신농씨는 가축 중 소를 이용하여 밭을 개간하고 농사를 지었으며 이 시기에 정착생활이 이루어진 것으로 보인다. 중국의 음식은 이때부터 다양한 식재료를 사용하게 된 것으로 볼 수 있다.

## 하·은·주 시대

이 시대의 왕인 걸인은 '매희'라는 미녀에 빠져 정치보다는 주색잡기에 치중하여 '주지육림(酒池肉林 : 술의 연못과 고기의 숲)'이라는 말이 생겨났다. 재상이 된 이윤에 의하여 세발솥과 도마가 발견되었다(세발솥은 진흙으로 만들어짐). 이후 청동기의 식기들이 출현하였다. 이 시기 음식 중에 '양방장어(羊方藏魚)'가 나타나는데 이것은 양고기에 생선을 싸서 만든 음식이다. 양고기와 생선이 함께 요리되므로 향이 좋은 음식이었다. 또한 새끼통돼지구이(烤乳猪)가 나타나는 시기이기도 하다.

## 춘추전국 시대

주왕조가 도읍을 옮길 때부터 BC 403년까지를 춘추시대라 하고, 이후부터 진나라가 천하를 통일한 BC 221년까지를 전국시대라 일컫는다. 이때 『춘추좌씨전(春秋左氏傳)』이라는 문헌이 나타나는데 이 문헌에는 아래와 같은 여러 가지 요리법 등이 소개되어 있다.

초(酢), 혜(醯), 장(漿), 장(醬), 회(膾), 저(菹), 번(燔), 적(炙), 포(抱), 증(蒸), 팽(烹), 자(煮) 조리기구는 아직 철이 발견되지 않아 청동기가 주를 이루며 황실에서만 사용했다.

## 진·한 시대

만리장성을 축조한 진시황은 장수에 무척 관심이 많았던 황제이다. 그는 한방식을 통해 장수를 꾀하였으며 서북과 동남동녀 500쌍을 시켜 동쪽에 있다는 전설의 봉래도(우리나라의 강원도쯤으로 예측됨)에서 불로초를 구해오도록 명하였다는 일화로 유명하다. 『시경(詩經)』에도 다양한 요리법이 소개되는데 그 종류는 무척 다양하다. 『예기(禮記)』 「내측편」에도 다양한 요리법이 소개되는데 팔진미요리 등이 이때 나타난다. 『주례(周禮)』에는 개고기에 대한 내용이 등장한다. 중국인들은 밥을 젓가락으로만 먹는 습관이 있는데 이때의 『예기(禮記)』에는 젓가락으로 음식을 먹는 것이 나타나기도 하며 손으로 음식을 먹었다는 기록도 보인다.

한나라 시대로 접어들면서 떡, 만두 등 곡류를 가루로 내서 음식을 만들어 먹는 조리법이 생기기 시작했고 식기도 금, 은, 칠그릇을 만들어 사용하기 시작했다. 이때 밀가루로 만든 음식이 나타나는데 면(麵)이라 불리기 시작하였다.

## 삼국(위·촉·오) 시대와 남북조 시대

남쪽에 위치한 오와 촉나라는 넓은 평지에서 쌀농사를 많이 지을 수 있었다. 제사 때 만두가 쓰이기 시작한 것도 이 시기이며, 남방에서는 생선과 쌀을 같이 숙성하였다가 먹는 우리나라의 가자미식해와 같은 자(鮓)를 먹었다.

이 시기에는 요리에 대한 연구가 성행하여 『최씨식경(崔氏食經)』 4권, 『식경(食經)』 14권, 『식찬차제법(食饌茶製法)』 1권, 『사시어식경(四時御食經)』 1권 등 많은 서적이 출판되었으나 오늘날 전해지는 것은 한 권도 없다. 가사협(위)이 쓴 『제민요술(齊民要術)』은 10권으로 되어 있으며 3권에 향신료인 고수에 관해 기술하였고, 7권에는 술 제조에 관하여 기술하였으며, 8권 상은 장(醬)을 만드는 내용으로 육장(肉醬)과 어장(魚醬), 8권 하에서 9권까지는 식품의 가공과 조리에 대해 다루었다.

## 수·당나라 시대

진나라의 시황제에 의해 착공된 대운하가 이 시기에 개통되었으며, 그 길이는 2,700km에 달한다. 이 운하를 통하여 강남의 질 좋은 쌀이 북경지방에 전달되어 북경 일대는 식생활 혁명이 이루어지게 된다. 이 시기에 우리의 물레방아인 수차가 개발되어 제분이 기계화되는 시기이기도 하다. 그리하여 수도인 장안은 물론이고 시골에 이르기까지 오늘날의 분식집인 빵과 전병을 파는 집이 많았다고 한다.

시금치가 이때 처음 등장하였으며, 차는 현종 때 선종이 보급되면서 대대적으로 발달하게 되었다. 육우의 『다경(茶經)』에는 차의 역사, 다기, 끓이는 방법, 마시기까지 다양하게 구성되어 있다.

이 시기의 음식에는 참깨 뿌린 원소병, 대추단자, 칡 등을 많이 이용하였다. 채소류는 지중해가 원산지인 무, 순무, 배추 등이 많이 이용되었다. 향신료인 후추, 설탕도 이 시기에 페르시아 쪽에서 들어왔다. 이 시기에는 상육(想肉)이라 하여 사람고기를 먹었으며, 진장기는 『본초습유(本草拾遺)』에 사람고기가 병 치료에 좋다고 기술하기도 하였다. 이 풍습은 황소의 난 때 성행하였다고 한다. 그 외에 『식보(食寶)』, 『유양잡조(酉陽雜俎)』 등의 서적이 있다.

## 송나라 시대

중국 역사에서 당, 오십국에 이어지는 왕조가 송이며 북송과 남송 시대로 나누어진다. 북송의 초기에는 우리의 다식과 같은 방법으로 보릿가루, 연근, 토란 등을 설탕이나 벌꿀에 개어 단단히 만들어서 먹었다고 한다. 이것을 초(酢)라고 하였으며, 병(餅)은 밀가루로 만드는 음식을 뜻하였다.

유명한 문인이며 정치가였던 소동파는 스스로 음식과 술을 만들어 먹었고 그의 시에는 음식이 많이 등장하기도 한다. 주민들이 그에게 만들어주었던 동파육은 지금까지도 유행을 타고 있다.

상점에는 차박사, 술박사가 있어서 차와 술을 데워주었으며 일반음식점은 분다(分茶)

라 하여 면, 밥, 양고기 등을 취급하였다고 한다.

## 원나라 시대

13세기 중반부터 약 150여 년간 중국 및 동남아시아 전역과 유럽까지 영향권에 두었던 몽골인 등은 쿠빌라이가 즉위할 때 세계적인 교류가 이루어지면서 중국의 문화와 전통 등이 서양세계에 널리 알려지고(활자인쇄, 나침반, 화약) 서양문물들이 중국으로 활발하게 들어오는 시기이기도 하다.

마르코 폴로는 『동방견문록』을 집필하여 중국을 포함한 아시아의 문물을 전 세계에 알리는 계기가 되었다. 마르코 폴로는 중국의 국수를 이탈리아에 소개하여 이탈리아 파스타가 세계적 음식이 되는 계기를 만들기도 하였다. 이 시기 음식의 경전인 『식경(食經)』은 중국인의 음식에 관한 전문서적으로 양생법, 식이요법, 진귀한 요리의 조리법과 몸을 보하거나 해칠 수 있는 음식 등을 설명한 것으로 음선대의의 자리에 있던 홀사혜가 집필하였다.

몽골인이 중심이 된 국가였기에 산짐승 등의 구이가 주종을 이루었으며 삶거나 찌는 방법은 20~30가지 미만이었다. 이때의 서적인 『거가필용사류전집(居家必用事類全集)』에는 오늘날과 비슷한 요리법 등이 선보이고 청과류 저장법, 유제품 가공법, 수장과법, 염장 육품 등의 방대한 내용을 담고 있다.

전해져 오는 이야기에 의하면 몽골의 기마족이 전 세계를 정복할 수 있었던 이유 중 하나는 이러한 육가공기술의 발달로 군인 한 명이 소 한 마리씩(소 한 마리를 해체한 후 살을 말려서 수분을 완전히 제거한 후 가루로 빻아 다시 환으로 만들어 자루에 담아서 메고 다녔다)을 메고 다니며 전쟁을 할 수 있었기 때문이라고 한다. 그래서 부식 걱정 없이 몇 개월씩 전쟁에 임하여 전 세계를 지배할 수 있었다는 이야기가 전해지고 있다.

## 명나라 시대

운하와 도로가 잘 발달되어 명나라의 수도까지 서양의 식재료가 들어왔다. 고구마와 감자, 옥수수를 비롯하여 남방 각 지역의 특산품식재료, 향신초, 과일 등을 쉽게 구할 수 있어 이 시기 요리법은 한층 더 발달하게 되었다.

전국적으로 내전이 많이 일어났으며 주원장이 홍건적의 난으로 중국을 통일하여 수도를 남경(南京)으로 옮기고 국호를 대명(大明)으로 정하면서 명나라가 시작되었다. 이때 조선은 일본과 임진왜란으로 고초를 겪고 있었다. 명나라는 대선단을 이끌고 서남아시아는 물론 유럽 등과 무역을 하였는데 이는 콜럼버스가 미 대륙을 발견한 것보다 70여 년이 앞섰다고 한다. 그러한 여파로 명나라의 식재료는 전 세계에서 조달될 수 있었으며 상어지느러미, 제비집, 고추, 토마토케첩 등이 전해지게 된다. 이때의 서적인 『음식수지(飮食須知)』에는 총 368종의 음식물이 실려 있다.

## 청나라 시대

청나라 때는 중국음식의 부흥기로 불릴 만큼 음식이 급속도로 발달한다. 『어향표묘록(御鄕縹緲錄)』에는 이 당시 서태후가 외출을 할 때 조리사를 수백 명씩 대동하고 다니면서 수백 가지의 음식을 만들어 먹었다고 기록하고 있다. 여기에 선보인 음식이 '만한전석(滿漢全席)'으로 이는 호사함과 고급스러움이 극치를 이루는 연회용 음식이다. 피단, 북경오리, 자라, 쥐, 상어지느러미, 곰발바닥, 낙타등고기, 원숭이골 등 수많은 희귀하고 진귀한 식재료들이 이때 선보이게 된다. 불도장(佛跳牆)도 이때부터 유래되었다.

청나라 때에는 행사음식 또는 명절음식이 성행하였는데, 북경에서는 설날에 물만두를 만들어 먹었고, 2월 1일에는 태양의 탄신일이라고 하여 쌀가루로 5층떡을 만들어 태양신에게 바치는 의식을 행하였다. 사월 초파일에는 콩과 팥을 삶아 절에 가서 선남선녀에게 주는 '사연두' 풍습이 있었고, 8월 보름에는 월병을 만들어 제사를 지냈다. 12월에는 각종 죽을 만들어 먹으면서 만수무강을 기원하기도 하였다.

중국요리는 서태후에 의해 완성되었다고 보아야 할 것이다. 서양요리도 루이 14세의 정치보다는 음식과 술 등을 더 즐기는 방탕함이 있었기에 세계적인 요리로 발달했던 것에 비견되는 일이다. 위와 같은 음식의 발달로 오늘날 중국음식은 세계적인 음식으로 각광받게 된 것이다.

### ● 불도장

중국 청나라 도광 황제와 황족 일행이 복건성 복주를 시찰하게 되었을 때 복건성 제일의 주방장인 정춘발이 陸(들짐승), 海(해산물), 空(날짐승)에서 구할 수 있는 가장 진귀한 재료를 선택하여 요리해 진상하였다. 이 요리를 드시고 난 황제는 그 맛에 감탄하여 즉석에서 "단계향표사도(壇啓香飄四都), 불문기선도장래(佛聞棄禪跳牆來)."라며 시 한 수로 칭찬하였다. 이 시의 뜻은 "고행을 하고 있는 기인들도 이 음식의 향을 맡으면 참을 수가 없어서 담장을 뛰어넘어 올 것이다."라고 한다. 이에 정춘발은 감읍하여 요리의 이름을 '불도장'이라 명명하고 그 비법을 소수의 제자에게만 전수하였다고 한다.

### 중화인민공화국

세계적으로 유행하던 이념 전쟁에 의하여 중국은 사회주의공화국이 됨에 따라 청대와 같이 사치스러운 음식의 문화는 많이 사라졌다고 하나 중국인들의 마음속에 새겨진 의식동원(醫食同源), 음양오행설(陰陽五行說) 등으로 음식을 맛있게 먹는 것이 하늘의 뜻이라 생각하였기에 급속히 쇠퇴하지는 않았다. 그러나 공산화 과정에서 겪은 경제적 어려움 때문에 2,400만 명이 굶어 죽기도 하였다. 음식과 먹거리가 풍부하기로 소문난 나라 중국에서 굶어 죽은 사람들이 이렇게 많았다는 게 이해되지 않는 면도 있다. 그래서 현대의 중국인들은 먹는 것에 대한 애착을 더 많이 갖는지도 모르겠다.

## 2 ▶ 중국요리의 계통

중국은 국토가 넓어 각 지방의 기후, 풍토, 산물 등에 각기 특색이 있다. 따라서 그 요리의 종류, 만드는 방법 등이 다양하였고, 기나긴 5천 년의 역사 속에서 그 발전을 거듭하였다. 중국요리는 원료의 생산, 조리기술, 풍미, 특색의 차이에 따라 역사적으로 많은 지방 요리를 형성하였다.

각 지방 간 상호 영향으로 약간씩의 공통점이 생겨나 비교적 큰 지역 특성에 따라 요리 계통이 형성되었다. 이렇게 되는 데는 경제, 지리, 사회, 문화 등의 많은 요소가 필요하다. 그중 주요한 요인으로는 풍부한 산물, 유구한 전통이 있고, 조리기술에 능숙한 인재와 음식점이 있어서 조리문화에도 상대적인 발달이 있어야 한다. 중국요리는 보편적으로 4대 요리로 분류한다.

중국요리는 크게 황하유역 등 산둥요리의 영향을 받아 형성된 '북방요리'와 장강유역 이남의 요리를 일컫는 '남방요리'로 나누며, 작게는 ① 북경요리 ② 남경요리 ③ 광둥요리 ④ 사천요리를 '4대 요리'라 부른다. 이는 이들의 지역 이름을 따서 불리는 것으로 각 지역에 따라 그 특성과 음식문화가 다르다.

중국은 유구한 역사와 광대한 대륙을 가지고 있어서 음식문화가 많이 발달되었다. 특히 중국요리는 미각의 만족에 초점이 맞추어져 있어 백미향이라 하며 농후한 요리나 담백한 요리가 각각 복잡 미묘한 맛을 지니고 있다. 또한 식용유의 활용도가 매우 높은 편이며 식재료 또한 다양하게 사용하여 맛과 영양상으로도 매우 만족할 만하다. 중국요리는 높은 열에서 단시간에 조리하는 메뉴가 많으므로 영양의 손실이 적은 것이 특색이다.

## 중국요리의 구분

| 4방 | 4대 요리 | 8대 요리(4대 요리+) | 10대 요리(8대 요리+) |
|------|---------|----------------------|----------------------|
| 북방 | 북경요리 | 산둥요리 | |
| 동방 | 남경요리 | 회양요리 | 상해요리 |
| 서방 | 사천요리 | 호남요리 | |
| 남방 | 광둥요리 | 복건요리 | 귀주요리 |

### 북경요리(北京菜 베이징차이)

북경을 중심으로 남쪽 산둥성 서쪽 타이완섬까지 고루 퍼진 음식을 말하며 기후는 한랭하다. 북경은 오랫동안 중국의 수도로서 정치, 문화, 사회의 중심지였기 때문에 고급요리가 많이 발달했다. 화북평야의 광대한 농경지에서 생산되는 농산물로서 소맥, 과일 등의 풍부한 각종 농산물이 주재료이며 각 지역의 희귀한 재료들이 모여 있다. 북방의 특성상 화력이 매우 강한 루메이(爐某)는 석탄을 사용하기 때문에 짧은 시간에 조리하는 튀김이나 볶음요리가 발달되어 있다.

산둥은 황하강 하류에 위치한 지역으로 중국 고대문화 발원지의 하나이다. 산둥요리는 재료의 선택이 광범위하고 해산물을 많이 사용하며 탕 만들기를 중시한다. 빠(扒), 류(溜), 빠오(爆), 카오(烤焗), 차오(炒) 등의 조리법을 즐겨 쓰며, 맛은 약간 짜고 신선하며 깨끗하고 향기로우며 바삭거리고 부드러운 특색이 있다. 대표적인 요리에는 대파, 해삼 불린 것을 볶아낸 요리와 뜨거운 설탕시럽을 사과에 입히는 요리 등이 있다.

### ● 남경요리(南京菜 난징차이)

남경요리는 중국의 중심지대로서 장강을 끼고 있는 비옥한 농토에서 나는 식재료를 사용하며, 19세기 유럽의 침입에 영향을 받아 상하이가 중심이 되자 남경요리는 서구풍으로 발전하여 동·서양 사람들의 입맛에 맞도록 변화, 발전되어 왔다. 중부 중국의 대표적인 요리로서 남경, 상해, 소주, 양주 등의 지방요리를 총칭하며, 중국 내륙의 양자강 하구에 위치한 지역이다. 남경요리를 상해요리라 부르기도 한다. 남경은 바다를 끼고 있으므로 해산물 요리가 발달되었으며, 간장과 설탕을 많이 써서 달고 농후한 맛을 띤다. 요리의 색상이 진하고 선명한 것 또한 특색이다.

또한, 이 지방의 특산물인 장유(醬油)를 사용하여 요리하기 때문에 기름기가 많은 것도 특색이다. 대표적인 요리로는 돼지고기에 장유를 사용한 홍샤오러우(紅燒肉)가 유명하며, 한 마리의 생선을 가지고 머리부터 꼬리까지 요리하는 탕추위(糖醋漁), 바닷게로 만드는 푸롱지엔시아(芙蓉煎蛋), 두부로 만드는 스진샤오꾸어또우푸(什錦妙鍋豆腐)와 꽃모양의 빵인 후아줴엔(花捲) 등이 있다.

### ● 광둥요리(粤菜 웨이차이)

광주를 중심으로 복건, 소주, 동간 등의 지방요리를 말하며, 이 지역은 동남연해에 위치하여 기후가 온화하고 재료가 풍부하다. 고대에는 광둥 일대에 어업에 종사하는 민족이 모여 다종식품을 섭취하며 살았다. 또, 서양요리 기술을 흡수, 융합하여 선명한 지방특색과 풍미를 형성하였다. 광둥요리는 재료 사용의 범위가 없고 기이하며, 조리기술도 다양하다. 특히, 차오(炒), 쥐(焗), 빠(杺) 등의 조리법이 있고 맛은 깨끗하고 신선하며 시원하고 부드럽다. 광둥에서는 광주요리를 대표로 한다. 상어지느러미, 제비집, 녹용 등 특수재료를 이용하고 뱀, 원숭이 등을 이용한 요리도 있다.

16세기부터 스페인, 포르투갈의 선교사와 상인들이 많이 왕래하여 특이한 요리와 요리의 기술이 국제적이다. 요리의 재료로는 쇠고기, 서양채소, 토마토케첩, 우스터 소스 등 서양풍의 식재료가 많이 사용된다. 대표적인 요리로는, 파인애플과 고기를 탕수소스에 넣고 볶은 요리(咕嚕肉), 연꽃게살 완자, 딤섬, 볶음밥 등이 있다.

### ◉ 사천요리(四川菜 쓰촨차이)

운남, 귀주 지방의 요리까지 총칭하며, 사천요리는 야생의 특산물을 취하기는 하나, 맛은 그곳 특유의 조미방식을 많이 사용한다. 맛이 매우 다양하여 진하고, 무겁고, 순수하고, 두꺼우면서 깨끗하고 신선하며 한 가지 요리가 한 가지 형식이며 백 가지 요리가 백 가지 형식이다. 조리법은 차오(炒), 칭차오(輕炒), 깐비엔(乾邊), 깐차오(乾炒) 등을 즐겨 사용하며, 사천 샤오츠(小吃)도 아주 유명하다.

사천요리의 풍미는 장강 중상류 및 귀주(貴州), 운남(雲南) 등에까지 영향을 미쳤다. 이곳들은 중국의 서방 양쯔강 상류의 산악지대로서 오지이며 습기가 많고, 산지이기 때문에 식품의 저장을 생각해 절임류가 발달하였으며 산악지대에서 생산된 암염이 주로 사용된다.

대표적인 요리로는 쌀밥누룽지에 여러 가지 재료를 넣어 걸쭉하게 만든 소스를 식탁에서 끼얹어 먹는 요리, 삶은 돼지고기를 사천풍으로 다시 볶아낸 요리, 두부와 간 고기를 두반장에 볶은 요리, 마파두부, 회교도들의 양고기요리인 양러우꿔즈(羊肉鍋子), 새우고추장볶음인 깐샤오밍시아(乾燒明蝦)가 있으며, "맛 하면 사천"이라는 영예를 얻고 있다.

### ◉ 회양요리(淮揚菜 후에이양차이)

강소요리라고도 하며, 남경, 회양 등의 지방요리로 구성되어 있다. 특색은 재료선택 시 수산품이 위주가 되고 뚠(燉), 먼(燜), 웨이(煨), 류(溜), 추안(川), 주(煮) 등의 조리방법이 많으며 맛은 깨끗하고 신선하고 설탕을 즐겨 사용한다. 그 공통된 특징은 탕 끓이기를 중시하며 맛은 진하나 느끼하지 않고 담백하나 연하지 않다. 대표적인 요리로는 양주볶음밥, 민물고기를 다람쥐 모양으로 튀겨 탕수소스를 얹은 요리, 고기 간 것을 살짝 튀겨 찐 요리 등이 있다.

## 기타 요리계통

### ● 궁정요리(宮廷料理)

궁중에서 황제를 위하여 만든 요리로, 청대에 이르러 그 절정에 이른다. 북경이 그 본고장으로, 북경요리에 속한다고 할 수 있다. 궁정요리는 각지의 진귀하고, 좋은 재료를 골라 쓰는 것이 기본이다. 가장 맛깔스러운 모양을 꾸미는 것도 으뜸이며, 영양 면에서도 다른 어떤 요리보다 좋다.

### ● 정진요리(精進料理)

수도하는 불교도들이 살생을 할 수 없었기 때문에 어류나 육류를 이용하지 않고, 채소만을 이용하여 만든 요리이다. 육류를 이용하지 않고 버섯이나 기타 다른 채소를 이용하여 고기 맛이 나도록 한 것이 특색이다. 정진요리는 다른 어떤 요리보다 요리사의 연구와 노력이 많이 들어갔다고 볼 수 있다. 맛은 대체로 담백한 것이 특징이다. 주로 사찰 내에 음식점이 있다.

### ● 약선요리(藥膳料理)

각종 한방약의 재료로 쓰이는 것들을 요리에 사용하여 만든 건강식이다. 약선요리는 중국에서 기원전부터 전통적으로 내려오는 요리로, 의식동원(醫食同源) 사상에서 유래한다. 그러나 약선요리는 한약처럼 사람의 몸에 어떤 효과를 단기간에 기대할 수는 없고 단지 지속적으로 체질에 맞게 먹는 것이며, 다른 요리보다 좀 더 다양한 재료를 사용한다.

# 중국음식 조리법

세계 요리계에서 중국요리의 역할은 굉장하다. 다른 나라의 요리와 비교하여 중국요리를 특징짓는 요소는 재료, 썰기(자르기), 조미료, 불의 세기, 그리고 무엇보다도 그것들의 바탕인 정신을 들 수 있다. 이것들은 실제 조리에서 재료의 선택을 엄격하게 하고, 썰기를 정교하고 세밀하게, 다양한 맛내기, 불 세기에 주의하여 색(色), 양(量), 미(味), 향(香), 기(氣)의 5박자를 고루 갖춘 중국요리가 만들어질 수 있게 한다.

## 1 중국음식 조리의 특징

### 다양한 식재료

중국요리의 특징 중 하나는 식재료가 광범위하게 사용된다는 것이다. 해산물, 산에서 나는 재료, 동물, 조류, 식물을 비롯해 뱀, 전갈까지 자주 이용되는 재료는 3천 종류가 넘는다. 동물에서도 고기뿐만 아니라 내장, 아킬레스건, 껍질(돼지), 피(돼지, 닭), 귀(돼지), 뿔(사슴) 등 낭비 없이 모두 이용한다. 또, 국토가 넓기 때문에 보존상 운송이 편리한 건조품이 발달하였다. 따라서 이것들의 재료로부터 요리에 적합한 재료를 선택하는 것이 중요하다.

재료의 조합에도 주의해야 한다. 재료의 성질, 본래 지닌 맛, 색, 형태 등을 고려한 배합으로 맛있고, 아름답고, 풍성한 요리를 만들어내는 것뿐만 아니라 몸을 차게 하는 '게'에는 따뜻한 성질의 생강을, '뱀'에는 해독작용이 있는 '국화꽃'을 사용하는 것처럼 '의식동원(醫食同源)'에 기초를 두어 식재료를 이용한다.

## 요리에 맞는 정교하고 세밀한 썰기

주로 중식 칼로 처리하지만 써는 방법이 다양하고, 장식 썰기(조각)도 특징 중 하나이다. 썰기를 작게 하는 것은 익히기 쉽고 먹기 쉽게 하며, 특히 나비나 꽃 등의 모양으로 조각하거나 칼집을 넣은 것은 아름답게 보이기 위한 것만이 아니라 소스나 조미료가 접할 수 있는 면을 증가시켜 맛을 극대화하는 효과를 주고 있다.

## 다양하고도 광범위한 맛내기

달다, 시다, 쓰다, 맵다, 짜다 등의 5미(五味)를 기본으로 하고, 이것들을 조합하여 수많은 복잡한 맛과 향이 더해져 보다 다양한 맛을 창출해 낸다. 발효 조미료를 비롯하여, 조미료의 종류가 많은 것도 하나의 특색이고, 두 번[밑간과 완성(마무리)]의 조미료를 첨가하는 것들이 많다. 대부분 열 가지 이상의 조미료를 조합하며 이것들의 조미료를 어떤 순서로 사용하는가에 따라 다른 색과 맛을 만들어낼 수 있다.

## 센 불로 단시간 볶아내기

중국음식은 높은 화력으로 단시간에 조리하는 경우가 많으며 화덕의 화력이 어느 나라의 조리법보다 높다. 따라서 조리 시 잠깐 실수를 하면 타버리는 경우가 많기 때문에 화력을 잘 활용하여야 한다.

재료가 너무 익거나 덜 익힘 없이 식자재 고유의 맛을 살리고, 딱딱하고 바삭바삭한 감촉, 매끄러운 혀 감촉, 부드럽고도 바삭바삭한 씹는 감촉 등 기대되는 촉감을 만들어내는 것은 중화(中和) 프라이팬의 알맞은 조작에 있다.

### ● 옛 중국음식점의 화덕

옛 중식당의 화덕에는 연탄을 사용하였다. 이 화덕은 1975년도의 우리나라에서 중국음식을 시작한 초창기 모습이며 구공탄을 4등분하여 화덕에 차곡차곡 쌓아서 불을 사용하였다. 그로부터 몇 년 후 기름버너가 사용되었으며 지금은 모두 가스버너로 바뀌었다.

연탄 화덕에는 구공탄이 20여 장 들어가는데 하루에 두 번 갈았다. 연탄가루를 물에 개어서 화구를 덮어 높으면 화력이 약하고, 화덕 가운데 구멍을 뚫으면 화력이 강해지는 식으로 화력을 조절했으며 구멍이 클수록 공기가 잘 통하여 화력이 강해진다.

## 2 기본 요리

### 냉채(冷菜 렁차이)

랑채(涼菜) 또는 냉채(冷菜)라고 하며 여러 가지 재료를 한 접시에 담아서 내는 것을 냉분(冷盆) 또는 냉반(冷盤)이라 한다. 정찬요리의 맨 앞에 나오는 차가운 요리를 뜻한다. 삶거나 쪄서 차갑게 보관한 다음 썰거나 모양을 낸다.

　– 해파리 냉채 · 새우냉채 · 해산물냉채 · 오향장육 · 송화단

### 열분(熱盆 러펀)

중국요리의 전채 중 하나로 더운 요리 중 가장 먼저 내는 요리를 말하며, 양, 질, 맛이 강조되는 요리이다. 볶는 요리가 주를 이루며 튀기거나 쪄서 볶기도 한다.

　– 삼선어취 · 전가복 · 해삼주스

### 증채(蒸菜 쩡차이)

고온의 증기를 이용하여 식재료를 익히는 방법이며, 딱딱한 재료를 연하게 할 수 있는 요리법이다. 솥물의 끓는 힘으로 올라오는 증기를 이용하여 이미 조미된 것, 혹은 신선한 재료를 긴 시간 동안 수증기로 익힌다. 이 방법은 재료의 신선하고 부드러움을 유지할 수 있으며 푹 익혔지만 잘게 부서지지 않는 장점이 있으며 탕류에 속한다. 즉 탕즙을 맑게 하

고 재료 본래의 맛을 유지해 주며 음식물을 보온하는 용도로도 사용된다. 중국조리 중 가장 많이 사용되는 조리법이다.
- 닭찜요리 · 삼겹살찜 · 조기찜

## 작채(炸菜 짜차이)

많은 양의 기름을 솥에 넣고 가열하여 튀겨내는 방법이다. 이 방법은 기름을 사용함으로써 더욱 맛있는 요리를 만들 수 있으며 적은 양으로 높은 칼로리를 얻을 수 있다. 단시간에 고온을 이용해서 요리함으로써 영양분의 손실을 적게 한다.
▷ 기름의 양이 적으면 분해가 빠르고 재료가 팬에 눌어붙어 타버린다.
▷ 기름의 용량을 재료의 2배 이상 사용한다.
▷ 재료를 넣을 때는 기름의 온도가 내려가지 않도록 양을 조절하여 넣는다.
- 탕수육, 닭고기레몬, 큰새우튀김 등

## 초채(抄菜 차오차이)

강한 화력을 이용하여 달군 프라이팬에 빠른 속도로 볶아내는 조리법이다.
- 잡채, 해삼전복, 쇠고기아스파라거스 등

## 민채(燜菜 먼차이)

뚜껑을 꼭 닫고 화력이 약한 불에 은근히 끓이는 방법이다. 재료를 자른 후 먼저 물에 끓이거나 기름에 튀긴 후 다시 소량의 육수와 조미료를 넣고 약한 불로 비교적 장시간 동안 삶아 재료가 연하게 되어 즙이 마를 때까지 조린다.
민채(燜茶)의 방법으로는 다음의 3가지를 들 수 있다.
① **홍민(紅燜)** 간장이 비교적 많이 들어간다.
② **유민(油燜)** 기름이 비교적 많이 들어간다.
③ **황민(黃燜)** 간장의 양이 작고 즙의 형태가 엷고 황색을 띤다.
- 상어지느러미찜, 사슴힘줄요리, 동파육 등

### 고채(烤菜 카오차이)

재료에 양념한 뒤 불에 굽는 방법이다. 가장 원시적으로 음식물을 익혀 먹는 방법으로 재료를 직접 숯불 위에서 굽는 방법 이외에도 일반적으로 화덕에 굽고 레인지에서 밀봉된 상태로 익힌다. 조리시간은 재료손질, 크기 또는 자른 상태에 따라 적당한 시간을 조절해야 한다. 굽는 방법은 재료의 표면이 바삭바삭하며 향기가 나고 내부는 연하고 부드럽게 굽는다. 육류, 해산물 외에도 가금류, 과일, 채소까지도 이 방법을 사용할 수 있다.

– 북경오리

### 류채(溜菜 류차이)

기름에 튀겨서 그 위에 소스를 끼얹는 조리법이다. 주재료를 먼저 튀기거나 삶거나 찌는 방식으로 조리한 후 다시 여러 종류의 조미료를 혼합하여 삶고 즙이 걸쭉하게 되면 섞거나 주재료 위에 끼얹는 것이다. 즙을 끓일 때는 불에서 빨리 완성해야 주재료의 향기가 깨끗하거나 부드럽고 연한 맛을 유지할 수 있다. 류(溜)는 초류(醋溜), 조류(糟溜), 연류(軟溜) 등으로 나눌 수 있다.

– 탕수육, 깐풍기, 채소볶음 등

### 탕(湯 탕)

재료를 넣고 끓이는 방법이다.

### 주탕(做湯)

한식의 육수, 양식의 스톡(stock) 등과 같은 국물요리, 볶음요리, 조림요리, 찜요리 등에 많이 사용되며, 중국요리의 기초가 된다.

### 상탕(上湯)

맑고 진한 맛의 국물로 국요리, 볶음요리, 조림요리, 찜요리 등에 사용된다.

### 청탕부용(清湯芙蓉)

달걀지단과 쪄서 만든 달걀을 재료로 한 탕이다.

### 청탕연와(清湯燕窩)

남양의 해변에 사는 제비집을 건조시킨 것이다. 해초와 새털을 뭉친 것으로 우윳빛이 나고 광택이 있는 중국의 최고급 요리이다.

### 청탕어편(清湯魚片)

흰살생선에 소금, 청주, 달걀흰자, 전분을 넣고 버무려 끓는 물에 데쳐내고, 채소도 데쳐 그릇에 담아 뜨거운 육수를 붓는다.
  - 상어지느러미탕, 소고기완자탕, 빠스옥수수 등

## 3 ▶ 조리용어

### 지엔(煎)

프라이팬에 기름을 조금 두른 후 가열하여 재료를 넣고 중간불에서 천천히 익히는 조리법이다. 이때 화력이 너무 강하면 속은 익지 않고 표면이 쉽게 타며 화력이 약하면 조리시간이 길어져 영양소가 파괴되고 신선한 맛이 저하되므로 불의 세기에 주의한다.

### 쩡(蒸)

고온의 증기를 이용하는 조리법으로 물이 끓어서 증기가 최대로 올라올 때 재료를 넣는다. 재료를 빨리 익히고 맛을 보존하기 위해서는 반드시 뚜껑을 닫고 조리해야 하며 조리 중에는 뚜껑을 자주 열지 않도록 한다. 재료에 따라 불의 세기를 조절하여 육류, 생선, 만두 등은 강한 화력에 조리하고 달걀 등 부드러운 것은 약한 화력을 사용하여 조리한다.

## 짜(炸)

프라이팬에 기름을 많이 넣고 가열한 후 재료를 넣어 튀기는 조리법으로 열량이 높아지고 기름의 성분에 따라 독특한 향이 난다. 재료에 따라 불의 세기를 조절하며 짜(炸)에는 다음과 같은 방법이 있다.

▷ **칭짜(淸炸)** 재료에 간을 하지 않고 전분을 묻히지 않은 상태로 튀긴다.
▷ **깐짜(乾炸)** 재료에 전분을 묻혀서 튀김옷을 입혀 튀긴다.
▷ **까오리(高麗)** 흰색으로 가볍게 튀긴다.

## 차오(炒)

프라이팬에 기름을 조금 둘러 달군 후 강한 불에서 빠른 속도로 볶아내는 조리법으로 영양소의 파괴가 적어 가장 많이 사용된다. 조리할 때 재료를 많이 넣으면 재료가 골고루 익지 않아 맛도 고르지 않게 되므로 한꺼번에 많은 양의 재료를 볶지 않도록 한다. 차오(炒)에는 다음과 같은 방법이 있다.

▷ **칭차오(淸炒)** 재료에 아무것도 묻히지 않고 볶는다.
▷ **깐차오(乾炒)** 재료에 튀김옷을 입혀 튀긴 다음 다른 재료와 함께 볶는다.
▷ **징차오(京炒)** 달걀흰자 등을 재료에 묻히고 전분을 묻혀 튀긴 다음 다른 재료와 함께 볶는다.

## 먼(燜)

재료를 살짝 튀긴 뒤 육수를 많이 넣고 약한 불에서 천천히 오랫동안 조리하는 방법으로 조리할 때는 반드시 뚜껑을 덮어야 한다. 이때 대부분의 영양소가 육수에 용출되므로 음식을 만들 때는 반드시 육수와 재료를 혼합해야 한다.

## 뚠(燉)

찡(蒸)과 먼(燜)을 혼합한 조리법으로, 프라이팬에 재료를 넣고 적당한 육수와 향신료, 조미료 등을 첨가한 후 뚜껑을 덮고 끓인다.

## 루(滷)

물에 각종 향신료와 조미료를 넣은 후 재료를 넣고 삶아내는 조리법으로 재료는 잠길 정도로 넣는 것이 가장 적당하다.

## 카오(烤)

재료에 양념하여 불에 직접 굽는 조리법으로 두 가지 방법이 있다.

### ▷ 밍루(明爐)

재래적인 방법으로 시간이 많이 걸리고 많은 양을 조리할 수 없으나 뛰어난 맛과 향을 낼 수 있다.

### ▷ 먼루(燜爐)

현대적인 설비를 이용한 방법으로 한번에 많은 양을 구워낼 수 있다. 또한 재료에 함유되어 있는 지방이 제거되기 때문에 담백한 맛이 나지만 맛과 향은 밍루보다 떨어진다.

## 쉰(燻)

양념한 생(生)재료나 익힌 재료를 훈제하여 색과 향을 낸다. 이때 주로 톱밥, 엽차, 겨, 설탕, 감초 등을 숯불에 뿌려 연기를 내서 사용한다.

## 류(溜)

지엔(煎) 또는 차오(炒)의 방법으로 조리하거나 물에 살짝 데친 재료를 여러 가지 조미료가 혼합된 소스에 넣어서 빠른 속도로 볶아내는 조리법이다. 소스의 종류에 따라 펑(烹) 또는 후에이(燴)라고 구별하여 부른다.

## 바이삐아오(白杓)

끓는 물로 익힌 재료를 접시에 건져 놓고 소스를 덮어주는 조리법으로, 재료를 익힐 때 물이 너무 많으면 맛이 저하되므로 물의 양에 유의한다.

### 빠오(爆)

재료를 자른 후 높은 화력을 이용하여 프라이팬에서 매우 빠르게 뒤섞으며 익혀 조미료를 첨가한 후 바로 프라이팬에서 내린다. 가장 단시간에 조리할 수 있는 조리법이다.

### 삐엔(邊)

천천히 조리하는 방법으로 소량의 기름과 약한 화력을 이용하여 재료를 프라이팬에서 계속 저어가며 오랜 시간 육수를 조리거나 연하게 하여 반탈수상태로 만든 뒤 다시 조미료를 첨가하여 섞는 방법이다. 천채(川菜, 국물이 적은 요리)에 이 방법을 비교적 많이 이용한다. 그 맛이 향기롭고 좋으며 잘 어울려서 찬 음식에도 사용할 수 있다.

### 샤오(燒)

신선한 재료 또는 이미 처리된 재료에 물과 조미료를 넣고 비교적 오랜 시간 끓이면 재료가 푹 삶아져 즙이 농축되면 그 맛이 농후해진다. 간장을 넣고 끓이는 홍샤오(紅燒)와 간장을 넣지 않고 맑은 육수를 넣고 끓이는 바이샤오(白燒)의 두 종류가 있다.

### 아오(熬)

각종 재료를 덩어리로 잘라 먼저 기름에 볶은 후에 다시 육수와 조미료를 넣고 약한 불로 비교적 장시간 푹 삶아 재료가 연하게 되게 하고 즙이 많지 않게 한다. 전분을 넣어 걸쭉하게 하지 않는다.

### 후에이(燴)

삶거나 구워서 조리하는 방법으로 재료를 자른 후 먼저 끓는 물에 삶아 육수를 넣어 같이 삶고 조미한 뒤 녹말을 풀어 탕즙이 진득진득한 상태가 되게 한다.

후에이차이(燴菜)는 여러 가지 재료를 사용하여 육류, 채소 등에 고루 사용할 수 있는 조리법이다.

## 빠(杷)

샤오(燒)와 같이 삶는 조리법이고 시간이 좀 오래 걸리는 편이다. 재료를 더 연하게 하나 남은 탕즙이 많고 물전분으로 농도를 맞춘다.

## 웨이(慨)

은근한 불에 오랜 시간 삶는 조리법으로, 아주 약한 화력을 사용하여 육수와 조미료를 첨가한 후 약 3시간 정도 삶는다. 재료가 연해지고 맛이 들고 걸쭉해지면 완성된 것이다.

## 쥐(焗)

재료를 비단천이나 조리용 종이에 싸서 볶은 뜨거운 소금에 묻어서 소금의 열을 이용하여 재료를 익히는 조리방법으로 재료의 질감이 연하고 부드러우며 향기롭게 조리할 수 있다. 닭이나 새우 등에 사용한다.

## 추안(川)

날것 또는 이미 조미한 것을 적당한 크기로 잘라 이미 끓고 있는 탕에 넣어 맛이 배게 한 후에 꺼내어 다시 조미를 한다. 빨리 만드는 탕요리에 속하며 재료의 신선함과 부드러움을 유지할 수 있고 탕즙을 맑게 할 수 있다.

## 주(煮)

재료와 육수를 솥 안에 넣고 익힌 후 조미료를 넣고 다시 익히는 방법으로, 가장 보편적인 조리법의 하나이다.

## 코우(扣)

날것 또는 이미 익힌 재료를 사기그릇에 담은 후 조미료와 육수를 넣고 찜통에 쪄서 연해지면 다시 뒤집어 쟁반에 올려놓아 반구형태를 유지하도록 한다.

### 치앙(熗)

재료에 미리 양념한 후 강한 화력을 이용하여 빠른 시간 내에 볶아낸다.

### 빤(拌)

모든 재료를 넣고 골고루 섞는 방법을 말한다. 간편하게 조리할 수 있는 방법이며, 재료의 원상태를 유지할 수 있다.

### 똥(凍)

고기를 조린 국물을 묵과 같이 굳히는 조리방법이다. 덩어리로 자른 재료(닭, 오리, 해산물)에 탕즙과 조미료를 넣고 삶아 연하게 한 후 고기 껍질이 젤리처럼 되면 재료를 차게 한 후 응고시켜 반투명의 냉채로 만든다.

### 기타

곡식에 물을 많이 넣어 만드는 죽(粥)이 있고, 약한 불에서 서서히 연하게 익혀내는 홍숙(紅熟 간장을 넣어 색을 내는 것)과 백숙(白熟)이 있다.

## 4 칼질법

### 피엔(片)

재료를 전처리한 후 칼을 30° 정도 눕혀서 왼쪽 방향으로 밀다가 앞으로 끌어당기듯이 하면서 저민다. 고기류, 표고버섯, 배추 등에 많이 사용되며 가장 보편적인 칼질법이다.

### 띵(丁)

1cm×1cm의 정육면체로 써는 것이 기본이며 크기에 따라 달리 부른다. 팔보채에 들어

가는 채소류의 칼질법이다.

▷ **샤오띵(小丁)**

5~7mm 정도로 작은 정육면체 썰기이다.

▷ **따띵(大丁)**

2cm 이상의 정육면체 썰기이다.

## 미(米)

쌀알 크기로 작게 써는 것으로 볶음밥의 채소 등에 사용한다.

## 롱(茸)

아주 잘게 다지는 것이다. 만두소로 들어가는 재료에 사용한다.

## 쓰(絲)

5~6cm 길이로 성냥개비 굵기의 가늘게 채 써는 방법으로 잡채 등을 할 때 사용한다.

## 쏭(鬆)

약 5mm 정도의 샤오띵과 비슷한 크기이나 각각의 굵기가 다를 수 있다. 양주볶음밥의 채소 썰기이다.

## 샤오모얼(小末儿)

쌀알보다 잘게 써는 것으로 유니짜장의 재료 썰기에 속한다.

## 타우뽀피엔(透薄片)

보통 크기의 재료를 위에서 아래로 밀듯이 썬다.

### 헝따오피엔(衡刀片)

재료에 칼을 평행으로 대고 저미는 것이다. 녹은 고기를 편으로 떠서 채로 썬다.

### 군따오피엔(滾刀片)

재료를 넓게 펴기 위하여 두꺼운 재료를 얇게 펴가며 자르는 방법으로 레몬가편 등에 들어가는 닭고기를 얇게 펴줄 때 사용한다.

### 쑤이피엔치에(隨片切)

재료를 적당한 길이로 자른 후 도마에 대고 칼을 평행으로 하여 저민 후 채를 치는 방법이다. 냉채의 재료로 쓰이는 당근, 오이 등 채소를 채 써는 데 사용한다.

### 티아오(條)

직사각형의 막대 모양으로 7mm × 5cm 정도이며, 탕수육 고기를 써는 방법이다.

### 팡싱띵(方形丁)

띵(丁)의 전 단계로 먼저 막대 모양으로 써는 것이다.

### 시에따오피엔(斜刀片)

얇은 재료에 칼을 비스듬히 대고 저미는 것처럼 써는 방법으로 오징어 등을 저미는 과정이다.

### 따따오치엔(大刀切)

써는 재료를 왼손으로 잡고 칼을 몸쪽으로 당기면서 써는 방법이다. 북경오리를 서빙할 때 껍질을 썰어내는 과정이다.

### 군통치엔(滾同切)

재료를 돌려깎기한 후 다시 말아서 채로 치는 방법으로, 가니쉬로 사용하는 당근을 썰 때 사용한다.

### 이즈티아오(一直條)

티아오보다 1~2mm 두꺼운 채소 막대 모양이다.

### 싼지아오띵(三角丁)

돌려깎기의 일환으로 재료를 적당한 굵기로 자른 후 돌려가면서 깎는다. 고구마 빠스에 사용된다.

### 푸터우(斧頭)

보통 샤오띵(小丁)의 크기나 크기가 일정하지 않은 것이 특징이다.

### 모얼(末儿)

얇게 저며 채로 친 후 잘게 써는 방법이다.

### 쑤안니(蒜泥)

마늘 다지기이다.

### 콸(塊儿)

약 2~3cm 길이로 토막을 치는 것으로 두께와 상관없이 썬다.

### 팡싱콸(方形塊儿)

따띵(大丁)의 전 단계이다.

## 싼지아오콸(三角塊儿)

재료 주위에 칼집을 미리 낸 후 피라미드형으로 토막을 치는 방법이다.

## 팡화콸(方花塊儿)

사각기둥을 만든 후 주위에 칼집으로 모양을 낸 후 토막을 치듯 모양을 내는 방법이다.

## 뚜안(斷)

일정한 크기에 관계 없이 툭툭 토막을 친다. 육수에 들어가는 채소 등을 써는 데 사용한다.

## 마알(麻儿)

당근 등의 채소를 돌려서 막 썰 때 사용하는 방법이다.

## 투알(頭儿)

마알(麻儿)보다 길게 토막 치는 방법이다.

| 중국어 | 한국어 | 중국어 | 한국어 |
| --- | --- | --- | --- |
| 피옌(片) | 얇게 썰어 만든 모양 | 모(末) | 아주 잘게 썬 것 |
| 띵(丁) | 눈 목(目)자 모양으로 자른 것 | 완(丸) | 완자 모양으로 동그랗게 만든 것 |
| 쓰(絲) | 결을 따라 가늘게 찢어 놓은 모양 | 귀안(卷) | 두루마리처럼 감은 것 |
| 콰이(塊) | 크고 두꺼운 덩어리로 썬 것 | 두안(段) | 깍둑 모양으로 작게 썬 것 |
| 바오(包) | 얇은 껍질로 소를 싼 것 | 니(泥) | 강판에 갈아 즙을 낸 것 |
| 냥(釀) | 재료의 속을 비우고 그곳에 다른 재료를 넣은 것 | | |

# 중국음식의 재료

## 1 기본 재료

### 말린 해삼(乾海蔘)

담백한 맛을 내며 여러 가지 요리에 다양하게 사용된다. 5일 정도 반복해서 끓인 뒤 물에 불려서 부드럽게 한 후에 사용한다. 한자어로 해서(海鼠)라고도 한다. 옛 문헌 중 『물보(物譜)』와 『오잡조(五雜俎)』에서는 해남자(海南子), 『식경(食經)』에서는 해서라 하였고, 『재물보(才物譜)』와 『문선(文選)』에서는 토육(土肉), 『물명고(物名攷)』에서는 토육·해삼·해남자·흑충(黑蟲)이라 하였다. 『자산어보(玆山魚譜)』에서는 해삼이라 불렀는데 약효가 인삼과 같다고 해서 붙여진 이름이다.

단백질을 비롯해 칼슘, 인, 철분 등이 많은 식품으로 식욕을 돋우고 신진대사를 원활히 해주며 칼로리가 적어 비만 예방에 효과적이다. 해삼에 들어 있는 요오드는 해삼을 말리면 그 농도가 한층 증가되어 심장을 튼튼하게 해준다고 한다. 말린 해삼은 물에 담가두거나 삶으면 소화가 잘되고 물에 불려서 초를 가미해 먹으면 고혈압에도 효과가 있다. 해삼은 황산 콘드로이틴이라는 성분이 있어 피부와 혈관의 노화를 막고 동맥경화를 예방할 수 있다. 또한 해삼에는 칼슘과 타닌 성분이 있어 암과 위궤양에 약효를 발휘하기도 한다. 담즙 성분인 타우린도 많이 들어 있어 빈혈을 예방 치료하고 간장의 운동을 원활하게 한다.

흥미로운 것은 해삼이 여름철 질병인 무좀에 탁월한 효과가 있다는 것이다. 『본초강목(本草綱目)』에 "해삼의 건조분말을 화농의 상처표면에 바르면 그 표면은 청정하게 치유된다."라고 기록되어 있다. 최근 국내 한 연구기관이 체험담을 바탕으로 치료 경과를 직접 관찰함으로써 그 유효성을 확인한 결과 곰팡이균을 죽일 수 있는 물질이 발견되었다. 이 물질이 바로 홀로톡신 A, B 및 C의 세 성분으로 이루어진 홀로톡신 사포닌체이다.

### 새우(蝦 시아)

새우에는 종류가 매우 많고 전 세계에서 널리 애용되고 있다. 새우는 갑각류 중 정미류에 속하는 종류를 말하며, 머리, 배, 꼬리의 세 부분으로 형성되어 있다. 대하, 중하, 소하, 보리새우(prawn), 참새우 등 종류가 많다. 종류에 따라 성분의 차이가 있으나 주성분은 단백질로 중간 크기의 생새우에는 100g당 20.1g, 말린 것에는 54.4g이나 들어 있다. 더욱이 메티오닌, 라이신을 비롯한 8종의 필수아미노산을 모두 골고루 가지고 있다. 이러한 필수아미노산 외에도 독특한 단맛을 주는 글리신이라는 아미노산과 베타인이 있어 고유한 풍미를 내는 것이다. 베타인은 강장효과가 있고 콜레스테롤 수치를 감소시키는 작용까지 있다고 해서 최근 화제를 모으고 있다. 거기에다 비타민 $B_2$, 비타민 $B_6$, 비타민 $B_{12}$ 등도 있다.

새우는 신장을 강하게 하는 식품으로 널리 알려져 있다. 그래서 예부터 새우는 신장을 강하게 하여 남성의 양기를 북돋아주는 식품으로, 중국에서는 혼자 여행할 때는 여행지에서 새우를 먹지 말라는 말이 의서를 통해 전해 내려오고 있다. 바다새우보다 민물새우가 맛이 좋으며, 건새우는 물에 담가 부드럽게 불려서 잘게 다지거나 썰어서 사용하고, 수프나 고기 반죽, 만두소를 만들 때 조금 넣으면 감칠맛을 낼 수 있다.

### 관자(貝柱 뻬이주)

조개의 관자를 뜻하며, 육주(肉柱) 또는 폐개근이라고도 한다. 2개의 원기둥으로 패각 안쪽의 앞과 뒤에 붙어 있어 각각 전폐각근 또는 후폐각근이라고 한다. 식품으로서의 폐각근은 조개관자라고

하여 일반적으로 큰 가리비 · 큰 조개 · 국자가리비 등의 발달된 것이 쓰이며, 키조개의 관자는 삶아서 건조시켜 쓰는 것도 있다. 관자는 말린 것과 냉동, 날것의 형태로 술, 파, 생강을 넣고 삶거나 쪄서 사용하고, 수프나 탕의 맛을 내는 데 많이 쓰인다. 날것은 요리의 주재료로 사용된다.

### 전복(鮑魚 빠오위)

몸이 큰 타원형의 귀 모양으로 수심 60m 이내의 맑은 바다에 서식하고 11~12월에 산란을 한다. 무기질 성분이 많으며 단백질과 지질의 함량은 적은 편이다. 간과 신장을 보호하고 횟감, 초밥의 재료로 많이 사용된다. 고급 중국요리에 없어서는 안 되는 식재료로, 현재는 양식이 되어 쉽게 구할 수 있다. 작은 크기의 오분자기와 혼동되기도 한다.

### 당면(粉條 펀티아오)

굵은 중국당면, 쌀당면, 가는 실당면 등이 있으며, 잡채나 만두소 등에 사용된다. 호면(胡麵)이라고도 하며, 중국이 원산지이다. 당면을 만드는 과정은 먼저 원료 전분의 일부를 열탕에 반죽하여 풀처럼 만들고, 여기에 나머지 전분을 부어 저으면서 40℃ 정도의 더운물을 붓고 치대어 구멍이 많이 뚫린 용기(국수틀)를 통해 끓는 물이 있는 솥에 넣는다. 국수가 익어서 떠오르면 건져내어 물통에 넣어 식힌 뒤에 얼린다. 이것을 다시 냉수에 녹여 햇볕에 말린 후 제품화한다. 당면의 전분을 만드는 과정에서 일단 알파화(α化)되었다가 제품화되었을 때는 다시 베타화(β化)되어 있으므로 열을 가하여 먹어야 한다. 탕요리 · 전골요리 · 잡채요리 등에 두루 쓰인다.

### 표고(香菇 시앙구)

마른 표고는 미지근한 물에 불려서 사용하며(冬菇), 생표고는 바로 사용하면 된다. 요리에 따라 데쳐서 사용하기도 한다. 봄 ·

여름·가을에 걸쳐 참나무류·밤나무·서어나무 등의 활엽수에 발생한다. 갓의 지름은 6~10cm이고 표면은 다갈색이며 흑갈색의 가는 솜털 모양의 비늘조각이 덮여 있고 때로는 터져서 흰살이 보이기도 한다. 처음에는 반구형이나 점차 퍼져서 편평해지며 갓 둘레는 어렸을 때는 안쪽으로 말려 백색 또는 담갈색의 피막으로 덮여 있다가 터지면 갓 둘레와 자루에 떨어져 붙는다. 원목에 의한 인공재배가 이루어지며 한국·일본·중국에서는 생표고 또는 건표고를 버섯 중에서 으뜸으로 이용한다. 한국·일본·중국·타이완 등지에 분포한다.

표고는 말리는 과정에서 비타민 D의 모체인 에르고스테롤(ergosterfrol)을 함유하여 칼슘 흡수와 이용을 촉진시켜 뼈와 치아를 튼튼하게 하며, 구루병을 예방하고 빈혈을 치료하는 기능이 있으며, 골다공증을 예방한다. 또한 에리타테닌(eritatenine)이라는 성분은 콜레스테롤이 체내에 축적되는 것을 막아 혈압을 내려준다. 렌티난(lentinan) 성분은 항암 및 항종양작용을 하며, 항바이러스 물질인 인터페론(interferon) 생성을 촉진한다. 섬유질이 많으며, 고기요리, 새우요리에 잘 어울린다.

## 목이(木耳 무얼)

흑갈색의 얇고 가벼운 것으로 골라 따뜻한 물에 불렸다가 사용한다. 주로 부재료로 많이 사용된다. 검정목이버섯에는 핵산 외에 단백질, 지방, 당질, 비타민 $B_1$, 비타민 $B_2$, 비타민 C, 섬유소, 칼슘, 인, 철 등 인체에 필수적인 영양소가 함유되어 있다. 특히 비타민 $B_1$과 철의 함량이 높다. 이 밖에 레시틴, 세팔린, 당단백질, 카로틴, 티아민, 리보플라빈, 니코틴산 등과 같은 활성성분도 포함되어 있다. 당은 만난, 만노오스, 포도당, 글루쿠론산과 소량의 펜토오스, 메틸펜토오스 등으로 구성되어 있다.

목이버섯은 과산화지질 생성을 억제하여 노화를 방지하며, 멜라닌이 피부에 침착되는 것을 막아 피부에 주름살이나 잡티, 검버섯이 생기지 않게 한다. 동맥혈관 벽에 콜레스테롤, 트리글리세리드, 지단백, 섬유소, 칼슘 등이 침전되는 것을 막아 동맥경화를 예방한다. 기혈을 돕고 폐를 습윤하게 하며 변비를 치료한다. 또한 눈물이 저절로 흐르는 증상을 치료하며, 치아통증을 없앤다.

### 초고(草菇 차오구)

중국의 동남부 지역에서 많이 생산되며 세계 4대 버섯 중 하나라고 한다. 어린순을 주로 사용하는데 시간이 지나면 피어서 버섯 갓이 벌어지므로 상품성이 떨어진다. 시중에 캔으로 유통되는데 이것을 따서 찬물에 담가두었다가 사용한다.

### 은이(銀耳)

백목이(白木耳)라고도 한다. 반투명한 흰색으로 건조시키면 옅은 황색을 띤다. 미지근한 물에 불렸다가 손질하여 사용하며, 벌집 모양으로 콜리플라워와 비슷하다.

### 죽생(竹笙 주셩)

종 모양의 갓 아래로 흰색의 그물망이 있는데, 표면에 악취가 나는 점액 부분은 없애고 망이 파괴되지 않도록 말려두었다가 미지근한 물에 불려서 불순물을 제거하고 줄기 부분을 사용한다.

### 춘장(春醬 춘자앙)

짜장면을 만드는 데 사용하는 장으로 주원료는 콩, 소금, 캐러멜 등이다.

### 요과(腰果 야오구어)

인도 땅콩으로 중국요리에서는 주로 땅콩 대신 사용된다. 튀기거나 설탕에 조려 후식으로 사용되기도 하며 볶음요리에 부재료로 많이 사용된다.

### 누룽지(鍋巴 꾸오바)

찹쌀을 쪄서 팬에 납작하게 펴서 누른 것으로 누룽지탕 등에 사용된다.

### 껍질콩(채두)(豆皮儿 또우피얼)

기름에 볶아 고기요리의 부재료로 쓰거나 만두소를 만들 때 사용하기도 한다.

### 람부탄(紅毛丹 홍마오딴)과 리치(荔枝 리즈)

리치는 후식요리에 사용되는 단맛이 나는 과일이며, 람부탄은 과육이 흰색이며 과즙이 많고 달며 신맛이 있다.

### 딤섬(燒賣 샤오마이)과 춘권(春捲 춘쥐엔)

크기가 작고 모양이 예쁜 만두의 한 종류이며, 중국에는 180여 가지의 딤섬이 있다. 찜통에 찌거나 튀겨서 먹는다.

### 꽃빵(花卷 후아쥐엔)

화권이라 부르며 담백한 맛이 일품이다. 기름진 중국요리에 곁들여 먹으면 잘 어울린다. 딤섬 등과 함께 상품화되어, 대부분의 중식당에서 사용된다.

### 발채(發菜 파차이)

중국의 산서성 일대에서 생산되는데, 민물에서 나며 파래와 비슷하게 생겼다.

### 짠지(炸菜 짜사이)

중국 사천성에서 많이 생산되며, 우리나라의 순무와 비슷하다. 두반장과 비슷한 장에 숙성한 뒤 캔에 담겨 유통되는데, 많이 짜기 때문에 물에 담가 짠물을 제거한 후에 양념하여 낸다. 중국 음식점에 가면 양파와 함께 양념하여 나오는 반찬이다. 쫄깃하면서도 아삭아삭한 맛이 있다.

### 전분(太白粉, 芡粉 치엔펀)

중식당에서 가장 많이 쓰이는 재료 중 하나로, 가루전분과 물전분의 형태로 사용된다. 가루전분은 튀김 등에 사용되며, 가루전분을 물에 개어 물전분의 형태로 음식의 농도 등을 맞추는 데 사용된다. 전분의 종류에는 옥수수전분, 고구마전분, 감자전분, 혼합전분 등이 있으며, 이 중 감자전분의 질이 가장 좋아 많이 사용된다.

### 죽순(竹筍 주순)

죽순은 대나무의 어린 싹으로 아린 맛이 있다. 소금물에 데쳐서 사용하면 되는데, 시중에서는 생죽순보다 삶아서 캔에 보관한 제품이 유통되고 있다. 캔을 따면 하얗게 굳어 있는 것이 있는데, 이는 죽순 내의 티로신(tyrosine)이 유출되어 응결된 것이기 때문에 씻어서 이용하면 된다.

### 송화단(松花蛋 쏭후아딴)

일명 피단(皮蛋 피딴)이라고도 하며, 껍질을 벗겼을 때 표면에 소나무꽃의 문양이 있어서 송화단이라 불렸다. 오리알이나 달걀에 석회, 홍차, 초목회, 소금, 향신료 등을 반죽해 알 표면에 5~10mm 두께로 송화단을 바른 다음 왕겨를 묻혀 항아리에 3~6개월간 재워두면 흰자위가 흑갈색의 젤리 모양으로 변하고 노른자도 청흑색으

로 굳어진다.

이 제법은 대대로 전수되어 내려오는 것으로 오랫동안 알려지지 않았다고 한다. 본고장인 천진(天津)산은 노른자의 중심이 흘러내릴 정도이고 향기나 맛도 우수하며, 상해산이나 대만산은 노른자 중심이 굳어 있어 식별할 수 있다.

## 2 ▶ 특수재료

### 상어지느러미(漁翅 위츠)

마른 것과 냉동된 것이 있으며 파, 마늘, 생강, 정종을 넣고 쪄서 수프나 찜으로 사용된다. 부위는 등, 가슴, 꼬리지느러미 등이 있다. 일본, 베트남, 태국 아프리카 등지에서 생산되며 우리나라에서도 적은 양이 생산된다. 중국에서는 해변을 끼고 있는 지역에서 생산되는데 대만산이 고급이다. 말린 지느러미는 가격이 저렴한 편이고, 냉동 지느러미는 고급이며 값이 비싸다. 또한 원형으로 유지된 것이 고급이며 가격이 높다.

#### ● 상어지느러미의 종류

| | 분류 | 사용부위 |
|---|---|---|
| 형태 | 추엔츠(全翅) | 통지느러미 |
| | 싼츠(散翅) | 껍질을 벗겨서 형태가 흐트러짐 |
| | 쓰츠(絲翅) | 바늘처럼 낱개로 하나씩 있는 것 |
| 부위 | 뻬이츠(背翅) | 등지느러미 |
| | 웨이츠(尾翅) | 꼬리지느러미 |
| | 푸츠(腹翅) | 배지느러미 |

### 제비집(燕蒿 옌워)

베트남, 보르네오, 자바 등 동남아시아에서 많이 생산되고 있으며 이런 곳에서 채취한

제비집은 중국으로 비싼 값에 팔려가 중국의 황제들이 즐겨 먹는 고급요리의 재료로 사용되었다. 제비집은 바닷제비가 천적으로부터 새끼를 보호하기 위하여 해안의 높은 절벽에 해초, 생선뼈 등을 모으고 입의 타액을 섞어서 지은 집이다. 세월이 흐르면 이것이 투명하게 변하고 이것을 채취하여 깃털과 알에서 깨어날 때 묻은 피 등을 세심하게 제거하여 식재료로 사용한다. 높은 절벽에서 제비집을 채취하는 과정에서 채집가가 목숨을 잃기도 하므로 그만큼 가격이 비싸며, 영양 또한 교질의 단백질이 풍부하여 고급 식재료라 할 수 있다. 연회, 연회석이라는 말은 중국에서 큰 행사를 할 때 요리에 제비집이 나와야 큰 행사로 인정받았다고 하여 이름이 붙여졌다고 한다.

### ● 제비집의 종류

| 분류 | 특징 |
| --- | --- |
| 관옌(官燕) | 관아 즉 황실에서 사용하던 최고급품으로 색은 투명하고 털 등 잡물이 섞여 있지 않아서 바로 사용할 수 있다. 형태에 따라 용아(龍牙), 연잔(燕盞)으로 불리기도 한다. |
| 마오옌(毛燕) | 제비집을 채취하여 고급부위는 따로 고급품(官燕)으로 보관하고 나머지 털이나 잡물이 붙어 있는 것(全絲燕), 피가 묻어 있는 것(血燕) 등을 모연 또는 회연(灰燕)이라고 한다. 중급품에 속한다. |
| 옌쓰(燕絲) | 모연보다 색도 탁하고 이물질이 많이 섞여 있어서 바로 사용하기가 곤란하며 손질한 후에 사용해야 한다. 최하품이다. |

## 곰발바닥(熊掌 시옹지앙)

곰의 발을 요리의 재료로 사용하는데 발바닥만을 사용하는 것은 고가의 요리이며 발을 통째로 요리하는 것이 일반적이다. 곰은 앞 오른쪽 발로 벌집을 채취하여 꿀을 따 먹는데 이때 벌의 꿀 또는 침이 앞 발바닥에 촘촘히 박히게 되고 이러한 것이 수년간 반복되다 보니 앞발이 영양학적으로 아주 큰 의미를 갖게 되었다. 곰발바닥 요리는 대부분 찜으로 한다. 돼지의 족발에도 곰발바닥에 함유되어 있는 교질의 단백질이 소량 들어 있다고 한다.

### 모기눈알요리(蚊子眼球 원쯔옌치우)

모기의 눈알을 채취하여 탕으로 먹는 음식인데 서태후 때부터 유행하였다고 한다. 중국에 외국의 귀빈이 오면 모기눈알요리를 대접한다. 모기눈알은 너무 작기 때문에 채취가 어려운데 박쥐가 모기를 먹으면 눈알은 소화되지 않고 맹장에 쌓이거나 배설되는데 이것들을 채취하여 요리의 재료로 사용한다.

### 원숭이골(猴腦儿 후날)

탕으로 만들어 먹는 법과 그것을 햇볕에 잘 말려서 후터우(虎頭) 또는 즈위러우(植物肉)라고 불리는 일종의 동물성 발효식품으로 만들어 먹는 법의 두 가지가 있다. 탕으로 먹는 방법은 광동 지방에서 유행하는 요리법이다. 우선 살아 있는 원숭이를 기절시켜 피를 뽑아낸 다음 털을 뽑고 머리에서 골을 꺼낸다. 원숭이골에 닭고기, 돼지고기와 각종 양념을 첨가하여 탕이 충분히 고아지도록 끓인다. 골이 익으면 그 골을 다시 원숭이 머리에 집어넣고 골이 들어 있는 머리를 탕에 넣어 다시 약한 불에 천천히 끓여 식탁에 올린다. 원숭이골탕은 황금색으로 맛이 달고 부드러우며 영양이 풍부하고 그 풍미는 어느 음식과도 비교할 수 없다고 한다.

### 벌레(虫儿 총)

벌레는 굼벵이, 바퀴벌레(우리나라에서 흔히 볼 수 있는 바퀴가 아니라 날아다니기도 하는 메뚜기 크기의 동남아산 바퀴벌레), 전갈 등과 많은 해충들이 요리의 재료로 쓰인다. 이들 요리는 현재도 중국의 뒷골목 등에서 꼬치에 끼워 굽거나 튀긴 상태로 판매하는 것을 볼 수 있다.

### 팔진(八珍 빠진)

가장 진귀하고 희귀한 재료 8가지를 말하며, 주방장에 의해 대체식품으로 바뀌기도 하지만 보통 다음을 8진이라 부른다.

- **용간(龍肝)** : 용의 간, 용은 상상의 동물이기 때문에 소의 간을 사용한다.
- **봉수(鳳髓)** : 봉황새의 골, 봉황새의 골 대신에 비둘기 또는 소의 골을 대신 사용한다.
- **표태(豹胎)** : 표범의 새끼, 구하기 어렵기 때문에 돼지의 죽은 새끼를 사용한다.
- **이미(鯉尾)** : 잉어의 꼬리
- **악구(鰐炙)** : 솔개 또는 악어
- **성순(猩脣)** : 원숭이 입술
- **노미(鹿尾)** : 사슴의 꼬리(또는 사슴의 힘줄)
- **곰발바닥(熊掌)** : 곰의 발바닥

## 3  향신료

### 파(怱 총)

모든 중국요리에 쓰이며 재료에 따라 통째로 쓰거나 썰어서 사용되며, 향미채소로써 빼놓을 수 없는 재료이다. 중식당에서는 대파가 주로 사용되는데, 기름을 빼서 파기름으로 많이 사용하기도 한다. 대파의 중생종은 굵기가 2.5~3cm 정도이며 250~300g 정도로 잎이 부드러우며 탄력이 있다. 만생종은 중생종보다 흰 부분이 길고 굵다. 원산지가 중국으로 백합과에 속하는 다년생 초본이다. 이 대파의 매운맛 성분인 이황화아릴은 살균, 살충의 효력이 있으며, 알린(allin)은 최루성 향기성분으로 체내에 흡수되어 비타민 $B_1$의 이용을 도와준다.

\* 중국인들은 대파를 날로 먹는 것을 즐긴다. 중국에서 들어와 서울에서 중국음식점을 경영하던 화교들이 식사 때면 대파를 날것으로 춘장 등에 찍어 먹는 것을 종종 볼 수 있다.

## 마늘(蒜 쑤안)

마늘은 주재료의 냄새를 제거하거나 풍미를 내는 데 필수적인 재료이다. 원산지는 서부 아시아이며, 백합과에 속하는 다년생으로 마늘의 성분인 디설파이드(disulfide)는 생마늘의 주요 향미성분이며, 알리신(allicin)은 마늘 고유의 중요한 물질로 기능성 작용이 있다. 스코르디닌(scordinin)은 마늘 고유의 중요한 물질로 기능성 작용이 있다. 스코르디닌(scordinin)은 항혈전작용을 하고, 대장암 발생인자인 아질산염의 생성을 억제하여 대장암을 예방해 준다. 또한 펙틴은 장내활동을 도와 변비치료에도 좋은 효과가 있다.

  ※ 마늘은 거의 모든 중국음식에 들어간다고 할 수 있다.

## 생강(薑 지앙)

파, 마늘과 함께 중국요리에 사용되는 재료로서, 특히, 고기요리에 많이 사용된다. 갈아서 사용하거나 편으로 썰어서 사용한다. 원산지는 인도, 말레이시아 등의 아시아로 생강과에 속하는 다년생 초본이다. 주성분인 진저론(zingerone), 진저롤(gingerol), 쇼가을(shogaol)은 매운맛 성분이며, 이 중 진저롤은 소화액을 분비하게  하여 소화를 도우며 식욕증진 효과가 있다. 쇼가올은 진해작용을 하며, 향기성분은 시트랄(citral)과 리나룰(linalool)이다.

  ※ 생강의 효능은 여러 매체를 통해서 많이 알려져 있다. 겨울에 감기에 걸리면 생강과 배를 넣고 차를 끓여 마시면 효과가 있다.

## 마른 홍고추(干辣椒 깐라지아오)

매운맛을 내는 모든 요리에 사용되며, 톡 쏘는 맛이 특징이다. 홍고추를 말려서 사용한다. 원산지는 남아메리카이며, 가지과에 속하는 1년생 초본으로 고추의 캅사이신(capsaicin)이 매운맛의 주성분이며 식욕증진과 소화촉진 작용을 하여 다이어트에

아주 효과적이다. 캅산틴(capsanthin)과 카로틴(carotin)은 붉은 고추의 색상을 나타내는 성분으로 비타민 A의 성분이다. 청고추와 홍고추 등도 중국요리에 많이 사용된다.

※ 마른 고추는 칼보다 가위로 자르는 것이 편리하다.

### 회향(茴香 후에이샹)

회향(茴香)풀의 한 종류로 빛깔은 다갈색이고, 육류나 내장류, 생선 등의 조림이나 찜에 사용하며, 재료의 냄새를 제거하고 풍미를 더해준다. 원산지는 지중해 연안, 남유럽, 서아시아이다.

### 오향분(五香粉 우샹피엔)

팔각, 육계, 정향, 산초, 진피 등 5가지의 향신료를 각각 분말로 만들어 섞어서 사용하는 향신료이다. 오향장육(五香醬肉) 등에 사용된다. 그러나 주방장의 의지에 따라 오향이 변하기도 하는데 독특한 향을 내는 팔각만큼은 어느 주방장이나 사용한다.

### 팔각(八角 빠지아오)

여덟 개의 씨방으로 이루어진 향신료로 서양에서는 별과 같이 생겼다 하여 스타 아니스(star anise)라고도 불린다. 오향분의 향을 내는 주재료이며, 중식당에서는 팔각 단독으로 여러 요리에 사용된다. 향기성분은 아네올(anehol)이다.

### 육계(肉桂 러우구이)

원산지는 중국으로 우리나라에선 제주도에서만 생산된다. 녹나무과이며 육계의 코르크층을 제거한 껍질 부분을 사용한다. 주요 성분이 시나믹 알데히드(cinnamic aldehyde), 시나밀 아세테이트(cinnamyl acetate), 페닐프로필 아세테이트(phenylpropyl acetate)로 한약재의 원료이다.

### 정향(丁香 띵시양)

몰루카 제도가 원산지로, 향신료인 정향을 얻기 위하여 열대 각
지에서 재배한다. 특히 아프리카 동해안의 잔지바르섬 · 펨바섬에
서 세계의 90%를 생산하고 있다. 꽃은 흰색으로 작은 가지 끝에
모여 달리고 꽃받침통은 붉은색이다. 꽃잎은 4개이며 수술은 여러 개이고 씨방하위이다.
꽃봉오리가 피기 전에 채취하여 말리는데, 그것이 향신료에 쓰이는 것으로서, 꽃봉오리 모
양이 못과 같아 못을 본뜬 글자인 정(丁)자를 붙여 정향(丁香)이라 한다. 또 영어이름 클로
브(clove)도 프랑스어의 클루(clou, 못)에서 유래되었다. 향미성분은 유제놀(eugenol), 아세
틸 유제놀(acetyleugenol)로 수렴성향이다.

### 산초(花椒 후아지아오)

재료의 냄새를 제거하거나 요리에 풍미를 더하기 위하여 사용되는 향신료이다. 우리
나라에서는 추어탕에 사용된다. 잎과 과실을 모두 사용하며 잘 익은 산초를 말려서 가루
로 내서 사용하기도 한다. 우리나라, 중국, 일본 등이 주산지며, 향신성분인 디벤텐(diven-
tene), 시트로넬랄(cironellal), 게라니올(geraniol)은 생선의 비린내를 제거하는 데 탁월한
효과를 발휘한다. 전남지방에서는 생 산초를 김장김치에 넣기도 하는데 김치의 향과 신선
도를 오래도록 지속시켜 주는 역할을 하기도 한다.

### 진피(陳皮)

한방에서는 미숙한 녹색의 열매 껍질을 청피라고 하며, 건위 · 진통제로 협통 · 복통 ·
소화불량 · 식욕부진 등의 치료에 이용한다. 완숙하여 황적색이 된 껍질을 귤피, 오래된
껍질을 진피라 하여, 전위 · 진구 · 진해 · 이뇨제로서, 위부의 냉에 의한 구토 · 트림과 해
소 · 기관지염 등의 치료에 쓰인다.

### 향채(香菜 샹차이)

칼슘, 철분, 비타민 A가 풍부하게 함유되어 있는 채소로서 향이 강하여 처음 맛을 본 사람들은 먹기가 힘들 정도이다. 미나리과에 속하는 향이 진한 풀로 중국에서는 어느 음식에나 양념으로 다양하게 쓰인다. 가는 뿌리에 연한 줄기가 여러 개 붙어 있어 포기를 만들 수 있으며 잎도 듬성듬성하고 연하다. 겉절이처럼 살짝 버무리며, 풋배추와 무를 섞어 담그는 김치에 넣기도 한다.

### 후추(胡椒 후지아오)

후추나무의 열매, 후추는 고기의 부패를 방지하고 육식을 주로 하는 민족에게는 필수불가결한 조미료였다. 특히 북유럽에서는 겨울이 길어 추운 겨울에는 가축사료를 대기가 어려우므로, 가을이 되면 가축을 죽여 소금에 절여놓거나 구워 놓았다. 이때 살코기의 방부제로 후추가 사용되었다. 기원전 400년경 유럽에 전래되었을 당시만 하더라도, 후추는 조미료라기보다는 불로장수의 정력제로 더욱 잘 알려져 있었다.

### 겨자(春菜 춘차이)

십자화과의 일년 또는 이년초 재배 식물로, 높이 1~2m이다. 봄에 십자 모양의 노란꽃이 피며, 씨는 매우면서도 향기가 있어 가루로 하여 양념이나 약재로 쓴다. 잎과 줄기는 채소로 먹을 수 있다. 겨자의 씨를 물에 불려 갈아서 만든 양념으로 노란 빛깔을 띤다. 미지근한 물에 개어 잘 저은 뒤 밀봉하여 따뜻한 곳에 두어 숙성시켜 사용한다.

**소스류**

### 간장(醬油 지앙요우)

요리의 풍미와 향을 내게 하고, 맛에 악센트를 준다. 또한, 조미 국물에 쳐서 감칠맛과 풍미를 낸다.

### 굴소스(蚝油 하오요우)

으깬 굴을 끓여서 바싹 조린 다음, 조미료를 치고 농축시킨 것으로, 콜레스테롤을 조절하는 약효가 있다. 스태미나에도 효력이 있는 조미료이다.

### 노두유(老蚝油 라오또우요우)

음식의 색을 내기 위하여 사용하는 중국식 간장의 일종으로 짠맛이 간장보다 덜하며 색상은 캐러멜보다 약하다.

### 검은콩소스(黑酸 헤이추)

광둥요리에 잘 쓰인다. 검은콩으로 만든 식초이며, 독특한 향기와 맛을 지니고 있다. 요리를 희게 만들고 싶을 때는 보통 식초와 섞어서 사용한다. 중국인은 이것을 여름에 체력이 소모되는 것을 방지하기 위해 냉수를 타서 마신다.

### 요리주(料理酒 리아오리지우)

술을 마신 뒤끝이 좋은 약주 같은 술이다. ⅓의 물을 타서 사용한다. 향과 맛을 돋운다.

### 고추기름(辣油 라요우)

가열한 식용유에 파, 생강, 양파를 으깨 밭친 다음, 고춧가루를 넣어 매운맛과 향을 낸

것이다. 향기와 매운맛의 좋은 풍미가 잘 어울려서, 사천요리에서 빠뜨릴 수 없는 조미료
이다.

### 막장(黃醬 황지앙)

검은콩, 밀, 누에콩, 고추를 갈아 섞어서 발효시킨 것으로 두우그우라고도 한다. 검고
윤기 나는 것이 상품이다. 두통, 피부미용, 잘 때 식은땀을 흘리는 사람에게 좋다. 볶음요
리나 해선장 혹은 생선에 얹어서 먹는다. 또한 생채소에 찍어서 그대로 먹거나, 냄비 요리
의 조미 국물로 넣거나 한다.

### 해선장(海鮮醬 하이시엔지앙)

북경요리에 사용되는 유명한 싱거운 된장. 다른 조미료와 섞어서 사용한다. 또한 채소
에 뿌려 그대로 내놓는 경우도 있으나, 중식당에서는 손님이 직접 식성에 맞게 나름대로
조미료로 사용한다.

### 새우간장(蝦油 시아요우)

새우젓 썩은 것 같은 독특한 냄새를 지녔으며, 요리의 은밀한 맛을 내기 위해 볶음요
리, 조림, 조미국물이나 소스용으로 쓴다. 새우 이외에 생선으로 만든 것도 여러 종류가
있다.

### 두부 삭힌 것(臭豆腐 초우또우푸)

두부를 소금에 절여 발효시킨 것이다. 푸른빛을 띤 라아후나이는 그대로 먹을 수도 있
으며, 붉은빛을 띤 것은 주로 고운체에 걸러 여러 가지 재료를 넣고 끓이거나 볶음요리에
쓰이며, 돼지불고기를 양념할 때도 쓰이는 향신료이다.

### 두반장(豆瓣醬 또우반지앙)

사천요리에서 매운맛의 기초가 되는 것으로 볶음요리, 푹 끓이는 요리, 식탁용 조미료

로 사용된다. 또한 소스류와 폭넓게 쓰이는 조미료이다. 보관할 때는 위에 기름을 한 겹 올려 냉장고에 넣어둔다. 여름에는 특히 상하기 쉬우므로 보관에 주의해야 한다.

### 마늘콩장소스(豆豉醬 또우츠지앙)

검은콩과 마늘을 으깨 갖은양념을 섞어 만든 구수한 맛을 내는 소스로 닭고기, 생선, 국수를 재우거나 고명으로 얹거나 찜을 할 때 사용한다. 생선과 해물의 비린내를 없앤다.

### XO장

패주를 얇게 찢어서 간장, 참기름 등의 양념에 재워 만든 것으로 매운맛이 나는 고급 소스이다.

### 마파소스(麻婆醬 마포지앙)

콩으로 만든 중국식 된장에 고추와 향신료를 넣어 만든 소스. 중국요리에서 고추장, 된장과 같은 역할을 한다. 짜고 매운맛이 나며 각종 볶음요리와 조림에 사용된다.

### 구이용 양념장(叉燒醬 차샤오지앙)

바비큐소스로 돼지고기나 닭고기구이에 이용하고, 달콤한 맛을 낸다. 벌꿀향을 넣어 식욕을 돋우어준다.

### 매실소스(梅醬 메이지앙)

약간의 생강과 고추에 중국매실을 넣어 신맛과 단맛을 내는 소스. 매실 특유의 맛이 있어 구운 고기나 오리요리를 찍어 먹어도 좋고, 바비큐용 고기를 잴 때도 사용한다.

### 닭요리소스(蒜蓉辣椒醬 쑤안롱라지아오지앙)

색이 짙고 농도가 진한 조림용 소스로 닭고기는 물론 생선, 육류, 버섯 등을 잴 때, 조릴 때 사용한다. 요리의 향기와 윤기를 더해주기 때문에 갈비나 불고기를 잴 때 사용한다.

## 탕수육소스(糖醋肉醬 탕추러우지앙)

매실과 고추를 섞어서 만든 소스로 매콤, 새콤, 달콤한 맛이 난다. 탕수육을 만들 때 따로 소스를 만들지 않고 채소만 준비하면 된다.

## 기타 조미료

흰 설탕(白糖 바이탕), 붉은 설탕(紅糖 홍탕), 얼음설탕(氷糖), 순두부(豆腐 또우푸), 버터(黃油 화요유), 새우기름(蝦油 시아요유), 고추장(流板醬 류판지앙), 풋고추(靑辣椒 칭라지오), 고추기름(辣油 라요우), 참기름(芝麻油 즈마요유), 쇠기름(牛油 니우요우), 돼지기름(豚油 주요우), 고추(辣椒 라지아오), 소금(鹽 옌), 식초(酢 추)

● **기타 조미료**

| 중국어 | 한국어 | 특징 |
|---|---|---|
| 장유우 | 장유우 | 요리의 풍미와 향을 내게 하고, 맛에 악센트를 준다. 또한 조미 국물에 쳐서 감칠맛과 풍미를 낸다. |
| 하오유오 | 굴기름 | 깐 굴을 끓여서 바짝 조린 다음, 조미료를 넣어 농축시킨 것. 콜레스테롤을 조절하는 약효가 있다고 하며, 스태미나에도 좋은 조미료이다. |
| 쓰앙쓰우 | 흑초 | 광둥요리에 잘 쓰인다. 검은콩으로 만든 식초이며, 독특한 향기와 맛을 지니고 있다. 요리를 희게 만들고 싶을 때는 식초와 섞어서 사용한다. |
| 라오추우 | 요리주 | 술을 마신 후 뒤끝이 좋은 약주 같은 술이다. 1/3의 물을 타서 사용한다. 향과 맛을 돋운다. |
| 라유우 | 고추기름 | 향기와 매운맛과 좋은 풍미가 잘 어울려서, 사천 요리에는 빠뜨릴 수 없는 조미료이다. |
| 두우그우 | 막장 | 두통, 피부미용, 잘 때 식은땀 흘리는 사람에게 좋다고 하며, 검고 윤기나는 것이 좋다. |
| 하이센장 | 싱거운 된장 | 북경요리에 사용되는 싱거운 된장 |
| 샤아유오 | 새우간장 | 새우젓 썩은 것 같은 독특한 냄새가 나며, 요리의 은밀한 맛을 내기 위해, 볶음요리 조림 소스용으로 쓴다. |
| 라아후나이 | 두부 삭힌 것 | 두부를 소금에 절여서 발효시킨 것이다. |
| 두우반상 | 겨자장 | 사천요리에서 매운맛의 기초가 되는 것으로, 볶음요리, 푹 끓이는 요리, 식탁용 조미료로 사용된다. |

| 중국어 | 한국어 | 중국어 | 한국어 |
|---|---|---|---|
| 빠이탕 | 흰 설탕 | 홍탕 | 붉은 설탕 |
| 삥탕 | 얼음설탕 | 푸루 | 순두부 |
| 샤유 | 새우기름 | 칭라자오 | 풋고추 |
| 라유 | 고추기름 | 뉴유 | 쇠기름 |
| 주유 | 돼지기름 | 라자오 | 고추 |
| 옌 | 소금 | 셴옌 | 소금 |
| 추 | 식초 | 위장 | 어류로 만든 젓갈국물 |
| 도우반장 | 고추장 | 도우푸츠 | 청국장 |

## 5 중국의 술

중국의 술은 4000년의 역사를 가졌으며 남녀를 막론하고 술을 좋아하는 사람들이 많다. 뿐만 아니라 특히 중국사람들은 술을 많이 마시는 것으로 알려져 있다. 그러나 술 마시는 관습이 잘 절제되어 있어 술주정을 하거나 기타 술로 인해서 사회질서를 어지럽히는 경우는 많지 않다.

중국에서는 쌀, 보리, 수수 등을 이용한 곡물을 원료로 해서 그 지방의 기후와 풍토에 따라 만드는 법도 각기 다르며 같은 원료로 만드는 술도 그 나름대로의 독특한 맛을 지니고 있다. 북방지역은 추운 지방이라 독주가 발달하였으며, 남방지역은 순한 양조주를 사용했으며, 산악 등 내륙지역은 초근목피를 이용한 한방차원의 혼성주를 즐겨 마셨다.

역사가 오래된 만큼 술의 종류는 4,500여 종이 있는데, 전국 평주회(評酒會)를 개최하여 금메달을 받은 술을 명주라 하여 붉은색 띠나 리본으로 표시하였다. 중국의 술은 크게 백주(白酒, 증류주), 황주(黃酒, 양조주), 약미주(藥味酒, 혼성주)로 구별되며, 마오타이주, 분주, 오량액, 노주특곡, 고량주, 소흥가반주, 오가피주 등으로 유명한 술이 많다.

### 마오타이주(茅臺酒)

중국 귀주성(貴州省)에서 생산하는 마오타이주는 알코올 도수가 53%이며, 마오타이 마을의 물로 생산된 것이라 하여 마오타이주로 불린다. 원료인 고량을 누룩으로 발효시켜 10개월 동안 9회나 증류시킨 후 독에 넣어 밀봉하고 최저 3년을 숙성시킨 독특한 술이며 모택동의 중국혁명을 승리로 이끈 이후 정부 공식만찬에 반드시 나왔으며, 닉슨 대통령이 중국에 방문하여 대접받았을 때 한번에 들이켠 뒤 감탄해서 유명한 술이 되었다.

숙성 후 혼합, 배합과 포장을 한 뒤 엄격한 검사를 거쳐 합격품만 출고한다.

### 분주(汾酒)

1500년의 역사를 자랑하는 분주는 수수와 누룩을 섞고 물을 부은 다음 3주간 발효시켜서 증류한 술로 알코올 도수 61%의 독주이며 향이 좋아 애주가들이 즐기는 술이다.

### 양하대곡(洋河大曲)

알코올 도수 48%의 양하대곡은 장수성에서 생산되는데 중국 국내는 물론 국제평주대회에서 여러 차례 상을 받았다. 중국의 평주가들은 양하대곡이 달콤하고 부드러우며 연하고 맑고 깔끔한 향기 등의 다섯 가지 특색을 지니고 있으며, 음주 후 나타나는 불편한 증상이 전혀 없다고 입을 모으고 있다.

### 고정공주(古井貢酒)

『삼국지』에서는 안휘성(옛 우물)의 물로 만든 술로 황제의 칭찬까지 받았다고 하여 고정공주란 이름이 붙여졌다고 한다.

### 동주(童酒)

양질의 고량을 주원료로 하여 산속의 순수한 산천수를 사용하고, 여기에 130여 종의 유명 약재를 첨가하여 만든다.

## 오량액(五粮液)

당나라 시대에 처음으로 양조된 오량액주는 고량, 쌀, 옥수수, 찹쌀, 소맥 등 15가지 곡물을 양조하여 성공한 것으로 그 향기가 그윽하여 술맛이 순수하고 깨끗한 뒷맛이 일품이다.

## 노주특곡(蘆酒特曲)

45%의 노주특곡은 400년의 역사를 지닌 사천성(四川省) 노주에서 생산되며 향기가 농후하고 순수한 것이 특징이다. 노주 중 '여알주(女兒酒)'라는 것이 있는데 이 술은 예부터 중국에 여자가 귀해서 딸을 낳으면 술을 담가 대들보 밑에 묻어놓았다가 성장하여 혼례를 치르게 되면 술을 파내어 잔치에 썼다고 한다. 그러나 크는 도중에 죽으면 영원히 잊어버려 패가한 후 집을 고치기 위해 땅을 파는 과정에서 발견되는 술이라고도 한다. 그래서 몇 십 년에서 몇백 년이 된 술이라 하여 노주(老酒)라고도 한다.

## 죽엽청주(竹葉靑酒)

고량을 주원료로 대나무잎과 각종 초근목피를 침투시켜 만든 술로 연한 노란색을 띠고 대나무 특유의 맛을 느낄 수 있다. 알코올 도수는 48~50%로, 음주 후 나타나는 두통 등의 부작용을 전혀 느낄 수 없으며 기(氣)를 충족시킬 뿐 아니라 혈액을 잘 순환시키는 것으로 평가된다. 이 술은 오래된 것일수록 향기가 난다.

## 고량주(高粱酒)

수수를 원료로 하여 제조한 술이며 고량주는 중국의 전통적인 양조법으로 빚어지기 때문에 모방이 어려울 정도의 독창성을 갖고 있다. 누룩의 재료는 대맥, 작은 콩이 일반적으로 사용되나 소맥, 메밀, 검은콩 등이 사용되는 경우도 있으며 숙성과정의 용기는 반드시 흙으로 만든 독을 사용한다. 전통적인 주조법이 이 술의 참맛을 더해주며, 지방성이 높은 중국요리에 없어서는 안 되는 술로서 애주가에게는 더욱 알맞은 술이다. 색은 무색이며 장미향을 함유한 것도 있고, 고량주 특유의 강함이 있으며 독특한 맛으로 유명하다. 알코올 도수가 59~60% 정도이며 천진(天津)산이 가장 유명하다.

### 소흥가반주(紹興加飯酒)

중국 굴지의 산지인 절강성(浙江省), 소흥현(紹興縣)의 지명에 따라 명명된 것이다. 알코올 도수가 14~16% 정도이며 색깔은 황색 또는 암홍색의 황주(黃酒)로 4000년 정도의 역사를 갖고 있으며 오래 숙성하면 향기가 더욱 좋아 상품가치가 높다. 주원료는 찹쌀에 특수한 누룩을 사용하는 방법이 일반적이며, 누룩 이외에 신맛이 나는 재료나 감초를 사용하는 경우도 있다. 찹쌀에 누룩과 술약을 넣어 발효시키는 복합발효법이 사용되나, 독창적인 방법에 따라 독특한 비법이 들어 있다. 소흥주는 다른 중국술에 비해 도수가 낮은 술로서 약한 술을 선호하는 애주가에게 인기가 있으므로 추천하면 무난하다.

### 오가피주(五加皮酒)

고량주를 기본 원료로 하여 목향과 오가피 등 10여 종류의 한방약초를 넣고 발효시켜 침전법으로 정제한 탕으로 맛을 가미한 술이며, 알코올 도수가 53% 정도이고 색깔은 자색이나 적색이다. 하북성(河北省) 루비 색깔의 광택을 띠며 신경통, 류머티즘, 간장 강화에 약효가 있는 일명 불로장생주이다.

## 6 ▶ 중국의 차

기름진 음식이 주를 이루는 중국 음식을 먹는 중국인들이 비만인이 드문 것은 차를 즐겨 마시기 때문이라고도 한다. 중국인들이 마시는 차는 종류도 매우 다양하다고 하는데, 중국 여행을 가기 전에 한번 알아보자.

| 중국어 | 내용 |
|---|---|
| 룽징차(龍井茶) | 항저우에 있는 룽징에서 생산되는 중국 차 중에서도 가장 으뜸으로 치는 차 |
| 우롱차(烏龍茶) | 푸젠성의 우이산(武夷山)에서 나는 가장 고급 차로 반발효된 것이다. |
| 인젠백호(銀針白豪) | 고원이나 고산지대에서만 자라는 진귀한 차 종류로 불로장생의 약차로도 유명하다. |
| 윈우차(雲霧茶) | 장시성(江西省)의 루산(廬山)에서 생산되는 것으로 유명한 녹차이다. |
| 푸얼차(普海茶) | 차의 잎을 그대로 말려 파는 것과 찻잎을 쪄서 벽돌 모양으로 압축시켜 만든 전차가 있다. |
| 마오리화차(茉莉花茶) | 재스민차로 4분의 1 정도 발효시킨 차에 마오리화 꽃을 혼합하여 만든 차 |
| 전차(塼茶) | 찻잎을 찌거나 발효시켜 압축해서 벽돌 모양으로 만든 차 |
| 군산인젠(君山銀針茶) | 동정호 가운데 떠 있는 작은 섬인 군산에서 생산되는 명차 |
| 톄관인차(鐵觀音茶) | 우롱차의 일종으로, 특히 소화에 좋으며 푸젠성이 특산지이다. |

중식조리 기능사 · 산업기사 · 기능장

# II

# 실기

**25분**

# 빠스고구마

 요구사항

**주어진 재료를 사용하여 다음과 같이 빠스고구마를 만드시오.**

❶ 고구마는 껍질을 벗기고 먼저 길게 4등분을 내고, 다시 4cm 길이의 다각형으로 돌려썰기하시오.

❷ 튀김이 바삭하게 되도록 하시오.

 수험자 유의사항

❶ 만드는 순서에 유의하며, 위생과 숙련된 기능평가를 위하여 조리작업 시 맛을 보지 않습니다.

❷ 지정된 수험자지참준비물 이외의 조리기구나 재료를 시험장 내에 지참할 수 없습니다.

❸ 지급재료는 시험 전 확인하여 이상이 있을 경우 시험위원으로부터 조치를 받고 시험 중에는 재료의 교환 및 추가지급
  은 하지 않습니다.

❹ 요구사항 및 지급재료의 규격은 "정도"의 의미를 포함하며, 재료의 크기에 따라 가감하여 채점됩니다.

❺ 위생복, 위생모, 앞치마, 마스크를 착용하여야 하며, 시험장비 · 조리기구 취급 등 안전에 유의합니다.

❻ 다음 사항은 실격에 해당하여 **채점 대상에서 제외**됩니다.

　가) 수험자 본인이 시험 도중 시험에 대한 포기 의사를 표현하는 경우

　나) 위생복, 위생모, 앞치마, 마스크를 착용하지 않은 경우

　다) 시험시간 내에 과제 두 가지를 제출하지 못한 경우

　라) 문제의 요구사항대로 과제의 수량이 만들어지지 않은 경우

　마) 완성품을 요구사항의 과제(요리)가 아닌 다른 요리(예, 달걀말이→달걀찜)로 만든 경우

　바) 불을 사용하여 만든 조리작품이 작품특성에 벗어나는 정도로 타거나 익지 않은 경우

　사) 해당과제의 지급재료 이외 재료를 사용하거나, 요구사항의 조리기구(석쇠 등)로 완성품을 조리하지 않은 경우

　아) 지정된 수험자지참준비물 이외의 조리기술에 영향을 줄 수 있는 기구를 사용한 경우

　자) 가스레인지 화구 2개 이상(2개 포함) 사용한 경우

　차) 시험 중 시설 · 장비(칼, 가스레인지 등) 사용 시 시험위원 및 타 수험자의 시험 진행에 위해를 일으킬 것으로 시험
　　위원 전원이 합의하여 판단한 경우

　카) 요구사항에 표시된 실격 및 부정행위에 해당하는 경우

❼ 항목별 배점은 위생상태 및 안전관리 5점, 조리기술 30점, 작품의 평가 15점입니다.

❽ 시험시작 전 가벼운 몸 풀기(스트레칭) 동작으로 긴장을 풀고 시험을 시작합니다.

| 재료 |

고구마 300g , 흰 설탕 100g, 식용유 100mL

| 빠스고구마 만드는 법 |

01 고구마는 껍질을 벗기고 사방 4cm 정도로 다각형으로 돌려
 썰기를 하여 170℃ 정도의 기름에 저어주면서 겉이 노릇노릇
 하게 바싹 튀긴다.

02 기름 1T, 설탕 3T를 팬에 넣고 약불에서 끓여 노란색 시럽으
 로 만든다.

03 시럽에 고구마를 넣어 골고루 시럽을 묻힌 다음 서로 달라붙지
 않게 찬물을 끼얹은 후 하나씩 떨어뜨려 준비 접시에 놓는다.

04 고구마가 식으면 접시에 식용유를 바르고 빠스고구마를 보기
 좋게 담아낸다.

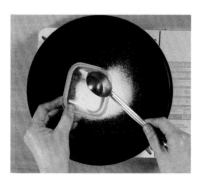

Tip

고급 식당에 가면 간혹 찬물과 같이 나오는 경우가 있는데, 그
것은 뜨거운 고구마를 찬물에 잠시 넣다 빼서 식힌 다음 먹도
록 한 것이다.
- 빠스옥수수와 조리방법이 비슷하다.

◆ 튀김온도
튀김 기름의 온도가 높으면 고구마가 검게 타고 낮으면 기름을 많
이 먹으므로 170℃ 정도로 맞춘다. 이때 170℃가 되었는지 알아보
려면 고구마 조각(주재료)을 넣었을 때 바로 올라오는 정도면 적당
하다. 약불에서 고구마가 위로 떠오르면 중간불로 올려 색을 내준다.

## 합격 Point

- 고구마 한 개가 나오면 길게 4등분으로 잘라 4cm 크기로 자르고 반 개가 나오면 길게 반으로 잘라 4cm 크기로 돌려 썰기하여 자른다.

- 시럽을 너무 뜨거운 온도에서 만들면 설탕이 타 불이 날 수 있으므로 주의한다.

- 고구마튀김은 2번 튀기는 것이 좋은데 한번은 고구마가 익도록 튀기고 두 번째는 노릇하고 바삭하게 튀겨낸다.

- 고구마에 시럽을 묻힌 후 찬물을 끼얹어주어야 하나씩 잘 떨어진다.

- 접시에 식용유를 발라야 달라붙지 않는다.

- 튀김 그릇이 큰 경우 고구마를 튀길 때 체어 넣어서 튀기면 건져낼 때 편리하다.

**25**분

# 고추잡채

## 요구사항

**주어진 재료를 사용하여** 고추잡채**를 만드시오.**

❶ 주재료 피망과 고기는 5cm의 채로 써시오.

❷ 고기는 간을 하여 기름에 익혀 사용하시오.

## 수험자 유의사항

❶ 만드는 순서에 유의하며, 위생과 숙련된 기능평가를 위하여 조리작업 시 맛을 보지 않습니다.

❷ 지정된 수험자지참준비물 이외의 조리기구나 재료를 시험장 내에 지참할 수 없습니다.

❸ 지급재료는 시험 전 확인하여 이상이 있을 경우 시험위원으로부터 조치를 받고 시험 중에는 재료의 교환 및 추가지급은 하지 않습니다.

❹ 요구사항 및 지급재료의 규격은 "정도"의 의미를 포함하며, 재료의 크기에 따라 가감하여 채점됩니다.

❺ 위생복, 위생모, 앞치마, 마스크를 착용하여야 하며, 시험장비ㆍ조리기구 취급 등 안전에 유의합니다.

❻ 다음 사항은 실격에 해당하여 **채점 대상에서 제외**됩니다.

　가) 수험자 본인이 시험 도중 시험에 대한 포기 의사를 표현하는 경우

　나) 위생복, 위생모, 앞치마, 마스크를 착용하지 않은 경우

　다) 시험시간 내에 과제 두 가지를 제출하지 못한 경우

　라) 문제의 요구사항대로 과제의 수량이 만들어지지 않은 경우

　마) 완성품을 요구사항의 과제(요리)가 아닌 다른 요리(예, 달걀말이→달걀찜)로 만든 경우

　바) 불을 사용하여 만든 조리작품이 작품특성에 벗어나는 정도로 타거나 익지 않은 경우

　사) 해당과제의 지급재료 이외 재료를 사용하거나, 요구사항의 조리기구(석쇠 등)로 완성품을 조리하지 않은 경우

　아) 지정된 수험자지참준비물 이외의 조리기술에 영향을 줄 수 있는 기구를 사용한 경우

　자) 가스레인지 화구 2개 이상(2개 포함) 사용한 경우

　차) 시험 중 시설ㆍ장비(칼, 가스레인지 등) 사용 시 시험위원 및 타 수험자의 시험 진행에 위해를 일으킬 것으로 시험위원 전원이 합의하여 판단한 경우

　카) 요구사항에 표시된 실격 및 부정행위에 해당하는 경우

❼ 항목별 배점은 위생상태 및 안전관리 5점, 조리기술 30점, 작품의 평가 15점입니다.

❽ 시험시작 전 가벼운 몸 풀기(스트레칭) 동작으로 긴장을 풀고 시험을 시작합니다.

| 재료 |

돼지등심(살코기) 100g, 청주 5mL, 녹말가루(감자전분) 15g, 청피망(중, 75g) 1개, 달걀 1개, 죽순(통조림(whole), 고형분) 30g, 건표고버섯(지름 5cm, 물에 불린 것) 2개, 양파(중, 150g) 1/2개, 참기름 5mL, 식용유 150mL, 소금(정제염) 5g, 진간장 15mL

| 고추잡채 만드는 법 |

01 청피망은 반으로 갈라 씨를 털어낸 뒤 5cm 길이로 잘라서 0.3cm 두께로 채썬다.

02 양파, 죽순, 표고버섯, 파는 풋고추(피망)와 같은 크기로 채썰고 마늘, 생강도 곱게 채썬다.

03 돼지고기는 5cm 길이로 채썰어 소금, 후추, 생강, 청주, 달걀 흰자 1t, 녹말가루1½T를 넣어 양념해 둔다.

04 팬에 기름을 넉넉히 두르고 약불에 넣어 반죽한 고기가 바삭하게 되지 않도록 데쳐내듯 찬 기름을 부어가며 가닥가닥 떨어지게 기름에 데쳐낸다.

05 팬에 기름을 1t를 두르고 마늘채, 생강채, 대파채를 넣어 볶다가 간장 1t, 청주 1t를 넣고 죽순, 표고, 양파를 넣고 마지막으로 청피망을 넣어 볶으면서 소금, 후추로 맛을 낸 다음 참기름을 넣는다.

06 접시에 각 재료가 골고루 섞이도록 담아낸다.

Tip
• 어린이들을 위해서는 피망을 사용하는 게 좋고 어른들을 위해서는 풋고추를 사용하는 게 좋다.
• 매콤한 것을 좋아하면 고추기름을 넣고 섞어 볶아준다.

합격 **Point**

⊘ 고기는 서로 붙지 않게 볶아야 하고 고기와 피망의 길이는 같은 것이 보기 좋다.

⊘ 고추의 빛이 선명하도록 하려면, 마지막에 센 불에 넣고 빠르게 조리해야 한다.

⊘ 돼지고기 200~300g당 녹말가루 1T 정도가 적당하다.

**30분**

# 깐풍기

**주어진 재료를 사용하여 다음과 같이 깐풍기를 만드시오.**

❶ 닭은 뼈를 발라낸 후 사방 3cm 사각형으로 써시오.

❷ 닭을 튀기기 전에 튀김옷을 입히시오.

❸ 채소는 0.5×0.5cm로 써시오.


### 수험자 유의사항

❶ 만드는 순서에 유의하며, 위생과 숙련된 기능평가를 위하여 조리작업 시 맛을 보지 않습니다.

❷ 지정된 수험자지참준비물 이외의 조리기구나 재료를 시험장 내에 지참할 수 없습니다.

❸ 지급재료는 시험 전 확인하여 이상이 있을 경우 시험위원으로부터 조치를 받고 시험 중에는 재료의 교환 및 추가지급
은 하지 않습니다.

❹ 요구사항 및 지급재료의 규격은 "정도"의 의미를 포함하며, 재료의 크기에 따라 가감하여 채점됩니다.

❺ 위생복, 위생모, 앞치마, 마스크를 착용하여야 하며, 시험장비 · 조리기구 취급 등 안전에 유의합니다.

❻ 다음 사항은 실격에 해당하여 **채점 대상에서 제외**됩니다.

  가) 수험자 본인이 시험 도중 시험에 대한 포기 의사를 표현하는 경우

  나) 위생복, 위생모, 앞치마, 마스크를 착용하지 않은 경우

  다) 시험시간 내에 과제 두 가지를 제출하지 못한 경우

  라) 문제의 요구사항대로 과제의 수량이 만들어지지 않은 경우

  마) 완성품을 요구사항의 과제(요리)가 아닌 다른 요리(예, 달걀말이→달걀찜)로 만든 경우

  바) 불을 사용하여 만든 조리작품이 작품특성에 벗어나는 정도로 타거나 익지 않은 경우

  사) 해당과제의 지급재료 이외 재료를 사용하거나, 요구사항의 조리기구(석쇠 등)로 완성품을 조리하지 않은 경우

  아) 지정된 수험자지참준비물 이외의 조리기술에 영향을 줄 수 있는 기구를 사용한 경우

  자) 가스레인지 화구 2개 이상(2개 포함) 사용한 경우

  차) 시험 중 시설 · 장비(칼, 가스레인지 등) 사용 시 시험위원 및 타 수험자의 시험 진행에 위해를 일으킬 것으로 시험
     위원 전원이 합의하여 판단한 경우

  카) 요구사항에 표시된 실격 및 부정행위에 해당하는 경우

❼ 항목별 배점은 위생상태 및 안전관리 5점, 조리기술 30점, 작품의 평가 15점입니다.

❽ 시험시작 전 가벼운 몸 풀기(스트레칭) 동작으로 긴장을 풀고 시험을 시작합니다.

| 재료 |

닭다리(한 마리 1.2kg) 1개(허벅지살 포함, 반 마리 지급 가능), 진간장 15mL, 검은 후춧가루 1g, 청주 15mL, 달걀 1개, 흰 설탕 15g, 녹말가루(감자전분) 100g, 식초 15mL, 마늘(중, 깐 것) 3쪽, 대파(흰 부분, 6cm) 2토막, 청피망(중, 75g) 1/4개, 홍고추(생) 1/2개, 생강 5g, 참기름 5mL, 식용유 800mL, 소금(정제염) 10g

| 깐풍기 만드는 법 |

01 닭은 깨끗이 손질하여 물기를 닦아내고 뼈를 발라내어 껍질째 4cm 크기의 사각형으로 자른다.

02 녹말가루와 물을 1:1 비율로 3T씩 앙금녹말을 만든다.

03 닭에 소금, 청주, 달걀노른자, 앙금녹말을 넣어 초벌간을 한 다음 150~170℃의 기름에 바삭하고 노릇노릇하게 두 번 튀긴다.

04 청·홍고추, 파는 0.5cm 크기로 일정하게 썰고 마늘과 생강은 굵게 다진다.

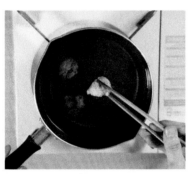

05 팬에 식용유를 두르고 뜨거워지면 파, 마늘, 생강 홍·청고추를 넣고 향이 나면 간장 1T, 설탕 1T, 식초 1T, 육수 3T를 붓고 끓으면 닭을 넣어 섞고 불을 끈 뒤 참기름을 넣는다.

06 완성접시에 담고, 청·홍고추, 피망을 위에 올려 제출한다.

Tip

- 돼지고기를 이용한 깐풍육과 쇠고기를 이용한 깐풍우육도 있다.
- 깐풍기는 느끼하지 않아 밥 반찬으로도 적합하고 간식이나 술안주, 파티요리에도 잘 어울린다.
- 소스의 매콤한 맛을 제대로 살리는 것이 깐풍기의 맛을 내는 비결로 파, 마늘, 고추 다진 것이 넉넉히 들어가야 한다.
- 닭은 안심으로 하고 토막을 낸 후 소금과 후추로 초벌간을 해야 맛이 잘 스며든다.
- 고추기름으로 매콤하게 할 수 있다.

합격 Point

⊘ 붉은 고추, 파, 마늘은 0.5cm 크기로 일정하게 썰어야 보기가 좋다.

⊘ 닭을 튀길 때는 두 번 튀겨야 속까지 익고 색깔이 잘 난다.

⊘ 강한 불에 빠른 시간에 볶아내야 채소의 색이 곱다.

⊘ 노릇노릇하게 튀기기 위해 달걀은 노른자만 사용한다.

**30**분

# 라조기

 요구사항

**주어진 재료를 사용하여 다음과 같이 라조기를 만드시오.**

❶ 닭은 뼈를 발라낸 후 5×1cm의 길이로 써시오.

❷ 채소는 5×2cm의 길이로 써시오.

 수험자 유의사항

❶ 만드는 순서에 유의하며, 위생과 숙련된 기능평가를 위하여 조리작업 시 맛을 보지 않습니다.

❷ 지정된 수험자지참준비물 이외의 조리기구나 재료를 시험장 내에 지참할 수 없습니다.

❸ 지급재료는 시험 전 확인하여 이상이 있을 경우 시험위원으로부터 조치를 받고 시험 중에는 재료의 교환 및 추가지급은 하지 않습니다.

❹ 요구사항 및 지급재료의 규격은 "정도"의 의미를 포함하며, 재료의 크기에 따라 가감하여 채점됩니다.

❺ 위생복, 위생모, 앞치마, 마스크를 착용하여야 하며, 시험장비 · 조리기구 취급 등 안전에 유의합니다.

❻ 다음 사항은 실격에 해당하여 **채점 대상에서 제외**됩니다.

　가) 수험자 본인이 시험 도중 시험에 대한 포기 의사를 표현하는 경우

　나) 위생복, 위생모, 앞치마, 마스크를 착용하지 않은 경우

　다) 시험시간 내에 과제 두 가지를 제출하지 못한 경우

　라) 문제의 요구사항대로 과제의 수량이 만들어지지 않은 경우

　마) 완성품을 요구사항의 과제(요리)가 아닌 다른 요리(예, 달걀말이→달걀찜)로 만든 경우

　바) 불을 사용하여 만든 조리작품이 작품특성에 벗어나는 정도로 타거나 익지 않은 경우

　사) 해당과제의 지급재료 이외 재료를 사용하거나, 요구사항의 조리기구(석쇠 등)로 완성품을 조리하지 않은 경우

　아) 지정된 수험자지참준비물 이외의 조리기술에 영향을 줄 수 있는 기구를 사용한 경우

　자) 가스레인지 화구 2개 이상(2개 포함) 사용한 경우

　차) 시험 중 시설 · 장비(칼, 가스레인지 등) 사용 시 시험위원 및 타 수험자의 시험 진행에 위해를 일으킬 것으로 시험위원 전원이 합의하여 판단한 경우

　카) 요구사항에 표시된 실격 및 부정행위에 해당하는 경우

❼ 항목별 배점은 위생상태 및 안전관리 5점, 조리기술 30점, 작품의 평가 15점입니다.

❽ 시험시작 전 가벼운 몸 풀기(스트레칭) 동작으로 긴장을 풀고 시험을 시작합니다.

| 재료 |

닭다리(한 마리 1.2kg) 1개(허벅지살 포함, 반 마리 지급 가능), 죽순(통조림(whole), 고형분) 50g, 건표고버섯(지름 5cm, 물에 불린 것) 1개, 홍고추(건) 1개, 양송이(통조림(whole), 양송이 큰 것) 1개, 청피망(중, 75g) 1/3개, 청경채 1포기, 생강 5g, 대파(흰 부분, 6cm) 2토막, 마늘(중, 깐 것) 1쪽, 달걀 1개, 진간장 30mL, 소금(정제염) 5g, 청주 15mL, 녹말가루(감자전분) 100g, 고추기름 10mL, 식용유 900mL, 검은 후춧가루 1g

| 라조기 만드는 법 |

01  닭은 깨끗이 손질하여 날개와 뼈를 발라내고, 5cm×1cm 크기로 토막내어 간장, 청주로 밑간한다.

02  녹말가루와 물을 1:1 비율로 3T씩 앙금녹말을 만든다.

03  표고, 죽순, 대파, 홍 · 청고추는 5×2cm로 썰고 마늘, 생강은 편으로 저며 놓는다.

04  간장, 소금, 후추 그리고 달걀흰자와 앙금녹말을 닭에 넣어 잘 주무른 뒤 기름에 두 번 튀겨낸다.

05  팬에 고추기름을 두르고 뜨거워지면 마늘, 생강, 청 · 홍고추를 볶다가 표고, 죽순, 간장 1T, 청주 1t, 물(육수)을 한 컵 정도 넣고 끓인다.

06  육수가 끓으면 소금, 조미료로 간을 맞추고 물녹말(물:녹말=1:1)을 풀어 걸쭉하게 만든 뒤 튀긴 닭을 넣고 버무려 참기름을 쳐서 접시에 담아낸다.

## 합격 Point

✓ 튀김옷이 잘 입혀지게 하려면 물기를 뺀 후 녹말과 밀가루를 한 번 더 입힌 뒤 튀김옷을 입히면 된다.

✓ 라조기는 소스가 조금 있어야 한다.

# 난자완스

**주어진 재료를 사용하여 다음과 같이 난자완스를 만드시오.**

❶ 완자는 지름 4cm로 둥글고 납작하게 만드시오.

❷ 완자는 손이나 수저로 하나씩 떼어 팬에서 모양을 만드시오.

❸ 채소는 4cm 크기의 편으로 써시오(단, 대파는 3cm 크기).

❹ 완자는 갈색이 나도록 하시오.

## 수험자 유의사항

❶ 만드는 순서에 유의하며, 위생과 숙련된 기능평가를 위하여 조리작업 시 맛을 보지 않습니다.

❷ 지정된 수험자지참준비물 이외의 조리기구나 재료를 시험장 내에 지참할 수 없습니다.

❸ 지급재료는 시험 전 확인하여 이상이 있을 경우 시험위원으로부터 조치를 받고 시험 중에는 재료의 교환 및 추가지급은 하지 않습니다.

❹ 요구사항 및 지급재료의 규격은 "정도"의 의미를 포함하며, 재료의 크기에 따라 가감하여 채점됩니다.

❺ 위생복, 위생모, 앞치마, 마스크를 착용하여야 하며, 시험장비 · 조리기구 취급 등 안전에 유의합니다.

❻ 다음 사항은 실격에 해당하여 **채점 대상에서 제외**됩니다.

　가) 수험자 본인이 시험 도중 시험에 대한 포기 의사를 표현하는 경우

　나) 위생복, 위생모, 앞치마, 마스크를 착용하지 않은 경우

　다) 시험시간 내에 과제 두 가지를 제출하지 못한 경우

　라) 문제의 요구사항대로 과제의 수량이 만들어지지 않은 경우

　마) 완성품을 요구사항의 과제(요리)가 아닌 다른 요리(예, 달걀말이→달걀찜)로 만든 경우

　바) 불을 사용하여 만든 조리작품이 작품특성에 벗어나는 정도로 타거나 익지 않은 경우

　사) 해당과제의 지급재료 이외 재료를 사용하거나, 요구사항의 조리기구(석쇠 등)로 완성품을 조리하지 않은 경우

　아) 지정된 수험자지참준비물 이외의 조리기술에 영향을 줄 수 있는 기구를 사용한 경우

　자) 가스레인지 화구 2개 이상(2개 포함) 사용한 경우

　차) 시험 중 시설 · 장비(칼, 가스레인지 등) 사용 시 시험위원 및 타 수험자의 시험 진행에 위해를 일으킬 것으로 시험위원 전원이 합의하여 판단한 경우

　카) 요구사항에 표시된 실격 및 부정행위에 해당하는 경우

❼ 항목별 배점은 위생상태 및 안전관리 5점, 조리기술 30점, 작품의 평가 15점입니다.

❽ 시험시작 전 가벼운 몸 풀기(스트레칭) 동작으로 긴장을 풀고 시험을 시작합니다.

| 재료 |

돼지등심(다진 살코기) 200g, 마늘(중, 깐 것) 2쪽, 대파(흰 부분, 6cm) 1토막, 소금(정제염) 3g, 달걀 1개, 녹말가루(감자전분) 50g, 죽순(통조림(whole), 고형분) 50g, 건표고버섯(지름 5cm, 물에 불린 것) 2개, 생강 5g, 검은 후춧가루 1g, 청경채 1포기, 진간장 15mL, 청주 20mL, 참기름 5mL, 식용유 800mL

| 난자완스 만드는 법 |

01  고기는 곱게 다져서 소금 1/3t, 청주 1t, 달걀흰자 1t, 녹말가루 2T, 후추를 넣고 반죽하여 끈기가 생길 때까지 치댄다.

02  직경 4cm 크기로 완자를 빚어 팬에 지지거나 튀긴다.

03  죽순, 배추, 당근, 표고버섯, 대파는 4x1cm로 썰고 마늘, 생강도 주어진 크기로 편썰기한다.

04  팬에 기름을 두르고 뜨거워지면 3의 파, 마늘, 생강을 넣어 볶은 후 향이 나면 간장 2t, 청주 1T를 넣고 3의 손질해 둔 채소를 넣고 볶다가 육수 1C을 넣고 소금으로 간을 한다.

05  4에 완자를 넣고 앙금녹말(물:녹말=1:1)을 넣어 걸쭉하게 볶으며 참기름을 넣어준다.

06  접시에 완자와 채소를 고루 섞어서 한눈에 보이게 담는다.

## 합격 Point

- ⊘ 고기반죽은 양념하여 충분히 치댄 후 완자를 빚어야 지질 때 갈라지지 않는다.

- ⊘ 완자의 물기를 적게 해야만 완자를 만들기 쉬우며 녹말을 많이 넣으면 퍼진다.

- ⊘ 완자를 센 불에 지지면 겉만 타고 속은 익지 않는다.

- ⊘ 소스의 농도는 물녹말로 조절한다.

- ⊘ 소스의 색이 진하지 않게 간장은 빛깔만 나도록 약간만 넣는다.

- ⊘ 완자를 빚는 동안 손에 묻히지 않으려면 손과 접시에 식용유를 조금 바른다.

- ⊘ 죽순의 빗살무늬가 없이 지급되면 만들어주어야 한다.

**25**분

# 마파두부

**주어진 재료를 사용하여 다음과 같이 마파두부를 만드시오.**

❶ 두부는 1.5cm의 주사위 모양으로 써시오.

❷ 두부가 으깨어지지 않게 하시오.

❸ 고추기름을 만들어 사용하시오.

❹ 홍고추는 씨를 제거하고 0.5cm × 0.5cm로 써시오.

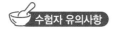

❶ 만드는 순서에 유의하며, 위생과 숙련된 기능평가를 위하여 조리작업 시 맛을 보지 않습니다.

❷ 지정된 수험자지참준비물 이외의 조리기구나 재료를 시험장 내에 지참할 수 없습니다.

❸ 지급재료는 시험 전 확인하여 이상이 있을 경우 시험위원으로부터 조치를 받고 시험 중에는 재료의 교환 및 추가지급
   은 하지 않습니다.

❹ 요구사항 및 지급재료의 규격은 "정도"의 의미를 포함하며, 재료의 크기에 따라 가감하여 채점됩니다.

❺ 위생복, 위생모, 앞치마, 마스크를 착용하여야 하며, 시험장비 · 조리기구 취급 등 안전에 유의합니다.

❻ 다음 사항은 실격에 해당하여 **채점 대상에서 제외**됩니다.

   가) 수험자 본인이 시험 도중 시험에 대한 포기 의사를 표현하는 경우

   나) 위생복, 위생모, 앞치마, 마스크를 착용하지 않은 경우

   다) 시험시간 내에 과제 두 가지를 제출하지 못한 경우

   라) 문제의 요구사항대로 과제의 수량이 만들어지지 않은 경우

   마) 완성품을 요구사항의 과제(요리)가 아닌 다른 요리(예, 달걀말이→달걀찜)로 만든 경우

   바) 불을 사용하여 만든 조리작품이 작품특성에 벗어나는 정도로 타거나 익지 않은 경우

   사) 해당과제의 지급재료 이외 재료를 사용하거나, 요구사항의 조리기구(석쇠 등)로 완성품을 조리하지 않은 경우

   아) 지정된 수험자지참준비물 이외의 조리기술에 영향을 줄 수 있는 기구를 사용한 경우

   자) 가스레인지 화구 2개 이상(2개 포함) 사용한 경우

   차) 시험 중 시설 · 장비(칼, 가스레인지 등) 사용 시 시험위원 및 타 수험자의 시험 진행에 위해를 일으킬 것으로 시험
       위원 전원이 합의하여 판단한 경우

   카) 요구사항에 표시된 실격 및 부정행위에 해당하는 경우

❼ 항목별 배점은 위생상태 및 안전관리 5점, 조리기술 30점, 작품의 평가 15점입니다.

❽ 시험시작 전 가벼운 몸 풀기(스트레칭) 동작으로 긴장을 풀고 시험을 시작합니다.

| 재료 |

두부 150g, 마늘(중, 깐 것) 2쪽, 생강 5g, 대파(흰 부분, 6cm) 1토막, 홍고추(생) 1/2개, 두반장 10g, 검은 후춧가루 5g, 돼지등심(다진 살코기) 50g, 흰 설탕 5g, 녹말가루(감자전분) 15g, 참기름 5mL, 식용유 60mL, 진간장 10mL, 고춧가루 15g

| 마파두부 만드는 법 |

01 두부는 사방 1.5cm의 정방향으로 썰어 끓는 물에 소금을 약간 넣고 데쳐서 체에 밭친다.

02 홍 · 청고추는 0.3cm 정도의 사각으로 잘게 썰고 파, 마늘, 생강도 잘게 다진다.

03 팬에 식용유 4T와 고춧가루 2T를 넣고 고추기름을 만들어 면포에 걸러낸다.

04 돼지고기는 곱게 다진다.

05 팬에 고추기름을 넣어 뜨거워지면 파, 마늘, 생강을 넣고 볶다가 돼지고기를 볶고 육수를 부어 끓인다.

06 육수가 끓으면 두반장 1T, 설탕 1T, 간장 1t, 청주 1t, 후추로 간을 하고, 두부, 다진 홍 · 청고추를 넣고 물녹말 1T를 조금씩 넣으면서 농도를 맞춘다.

07 참기름으로 마무리한 후 그릇에 담아낸다.

 Tip
· 조리 시 여러 과정을 거치므로 고급요리에 속한다.
· 두반장이 없으면 고추장으로 대신 사용한다.
· 끓는 물에 두부를 데치면 담백한 맛을 내고 식용유에 데치면 구수한 맛이 난다.
· 대파를 길게 썰어 접시에 담은 음식 위에 뿌려 내면 모양이 좋다.

합격 Point

- ⊘ 두부는 으깨어지지 않도록 조심스럽게 다루어야 하며, 데칠 때 소금을 넣으면 단단해진다.

- ⊘ 홍·청고추의 크기는 같게 썰어야 보기가 좋다.

- ⊘ 고추기름이 만들어져 나올 수도 있다.

**20**분

# 부추잡채

 요구사항

**주어진 재료를 사용하여 다음과 같이 부추잡채를 만드시오.**

❶ 부추는 6cm 길이로 써시오.

❷ 고기는 0.3cm×6cm 길이로 써시오.

❸ 고기는 간을 하여 기름에 익혀 사용하시오.

수험자 유의사항

❶ 만드는 순서에 유의하며, 위생과 숙련된 기능평가를 위하여 조리작업 시 맛을 보지 않습니다.

❷ 지정된 수험자지참준비물 이외의 조리기구나 재료를 시험장 내에 지참할 수 없습니다.

❸ 지급재료는 시험 전 확인하여 이상이 있을 경우 시험위원으로부터 조치를 받고 시험 중에는 재료의 교환 및 추가지급은 하지 않습니다.

❹ 요구사항 및 지급재료의 규격은 "정도"의 의미를 포함하며, 재료의 크기에 따라 가감하여 채점됩니다.

❺ 위생복, 위생모, 앞치마, 마스크를 착용하여야 하며, 시험장비·조리기구 취급 등 안전에 유의합니다.

❻ 다음 사항은 실격에 해당하여 **채점 대상에서 제외**됩니다.

　가) 수험자 본인이 시험 도중 시험에 대한 포기 의사를 표현하는 경우

　나) 위생복, 위생모, 앞치마, 마스크를 착용하지 않은 경우

　다) 시험시간 내에 과제 두 가지를 제출하지 못한 경우

　라) 문제의 요구사항대로 과제의 수량이 만들어지지 않은 경우

　마) 완성품을 요구사항의 과제(요리)가 아닌 다른 요리(예, 달걀말이→달걀찜)로 만든 경우

　바) 불을 사용하여 만든 조리작품이 작품특성에 벗어나는 정도로 타거나 익지 않은 경우

　사) 해당과제의 지급재료 이외 재료를 사용하거나, 요구사항의 조리기구(석쇠 등)로 완성품을 조리하지 않은 경우

　아) 지정된 수험자지참준비물 이외의 조리기술에 영향을 줄 수 있는 기구를 사용한 경우

　자) 가스레인지 화구 2개 이상(2개 포함) 사용한 경우

　차) 시험 중 시설·장비(칼, 가스레인지 등) 사용 시 시험위원 및 타 수험자의 시험 진행에 위해를 일으킬 것으로 시험위원 전원이 합의하여 판단한 경우

　카) 요구사항에 표시된 실격 및 부정행위에 해당하는 경우

❼ 항목별 배점은 위생상태 및 안전관리 5점, 조리기술 30점, 작품의 평가 15점입니다.

❽ 시험시작 전 가벼운 몸 풀기(스트레칭) 동작으로 긴장을 풀고 시험을 시작합니다.

| 재료 |

부추(중국부추(호부추)) 120g, 돼지등심(살코기) 50g, 달걀 1개, 청주 15mL, 소금(정제염) 5g, 참기름 5mL, 식용유 100mL, 녹말가루(감자전분) 30g

| 부추잡채 만드는 법 |

01 돼지고기는 길이 6cm, 두께는 0.3cm 정도로 길게 채썰어 간장, 청주, 후추를 넣고 달걀흰자와 녹말가루를 넣어 양념한다.

02 부추는 6cm 길이로 자르고 생강은 채로 썬다.

03 팬에 기름을 두르고 뜨거워지면 생강을 넣고 향이 나면 고기를 넣어 가닥가닥 떨어지게 볶는다.

04 고기가 익으면 부추의 흰 부분을 먼저 넣고 살짝 볶으면서 푸른 부분을 넣어 소금, 후추, 조미료로 간한 다음 참기름을 넣는다.

 Tip

고추잡채와 조리과정이 비슷하다.

합격 Point

✓ 요리는 희고 깨끗하게 만들어야 하므로 한꺼번에 많은 고기를 팬에 지지면 지저분해지므로 주의한다.

✓ 오래 볶으면 부추의 색이 변하므로 주의한다.

✓ 고기는 익으면 길이가 짧아지고 두께가 두꺼워지는 것에 유의한다.

**25분**

# 새우케첩볶음

**주어진 재료를 사용하여 다음과 같이 새우케첩볶음을 만드시오.**

❶ 새우 내장을 제거하시오.

❷ 당근과 양파는 1cm 크기의 사각으로 써시오.

### 수험자 유의사항

❶ 만드는 순서에 유의하며, 위생과 숙련된 기능평가를 위하여 조리작업 시 맛을 보지 않습니다.

❷ 지정된 수험자지참준비물 이외의 조리기구나 재료를 시험장 내에 지참할 수 없습니다.

❸ 지급재료는 시험 전 확인하여 이상이 있을 경우 시험위원으로부터 조치를 받고 시험 중에는 재료의 교환 및 추가지급은 하지 않습니다.

❹ 요구사항 및 지급재료의 규격은 "정도"의 의미를 포함하며, 재료의 크기에 따라 가감하여 채점됩니다.

❺ 위생복, 위생모, 앞치마, 마스크를 착용하여야 하며, 시험장비 · 조리기구 취급 등 안전에 유의합니다.

❻ 다음 사항은 실격에 해당하여 **채점 대상에서 제외**됩니다.

가) 수험자 본인이 시험 도중 시험에 대한 포기 의사를 표현하는 경우

나) 위생복, 위생모, 앞치마, 마스크를 착용하지 않은 경우

다) 시험시간 내에 과제 두 가지를 제출하지 못한 경우

라) 문제의 요구사항대로 과제의 수량이 만들어지지 않은 경우

마) 완성품을 요구사항의 과제(요리)가 아닌 다른 요리(예, 달걀말이→달걀찜)로 만든 경우

바) 불을 사용하여 만든 조리작품이 작품특성에 벗어나는 정도로 타거나 익지 않은 경우

사) 해당과제의 지급재료 이외 재료를 사용하거나, 요구사항의 조리기구(석쇠 등)로 완성품을 조리하지 않은 경우

아) 지정된 수험자지참준비물 이외의 조리기술에 영향을 줄 수 있는 기구를 사용한 경우

자) 가스레인지 화구 2개 이상(2개 포함) 사용한 경우

차) 시험 중 시설 · 장비(칼, 가스레인지 등) 사용 시 시험위원 및 타 수험자의 시험 진행에 위해를 일으킬 것으로 시험위원 전원이 합의하여 판단한 경우

카) 요구사항에 표시된 실격 및 부정행위에 해당하는 경우

❼ 항목별 배점은 위생상태 및 안전관리 5점, 조리기술 30점, 작품의 평가 15점입니다.

❽ 시험시작 전 가벼운 몸 풀기(스트레칭) 동작으로 긴장을 풀고 시험을 시작합니다.

| 재료 |

작은 새우살(내장이 있는 것) 200g, 진간장 15mL, 달걀 1개, 녹말가루(감자전분) 100g, 토마토케첩 50g, 청주 30mL, 당근 30g(길이로 썰어서) 양파(중, 150g) 1/6개, 소금(정제염) 2g, 흰 설탕 10g, 식용유 800mL, 생강 5g, 대파(흰 부분, 6cm) 1토막, 이쑤시개 1개, 완두콩 10g

| 새우케첩볶음 만드는 법 |

01 새우는 껍질을 벗기고 이쑤시개로 등쪽의 내장을 제거한다.

02 녹말가루와 물을 1:1 비율로 하여 3T씩 앙금녹말을 만든다.

03 양파, 당근, 대파는 2cm 크기로 편썰고 생강도 편썬다.

04 완두콩을 소금물에 살짝 데친다.

05 새우에 달걀흰자, 소금, 후추, 청주, 앙금녹말을 넣고 반죽하여 170℃의 기름에 튀긴다.

06 팬에 기름을 두르고 뜨거워지면 파, 생강, 양파를 넣고 볶아 향이 나면 채소를 볶다가 케첩과 육수를 붓고 끓인 다음 설탕, 소금으로 맛을 낸다.

07 5에 튀긴 새우를 넣고 물녹말을 조금씩 부어가며 농도를 조절 한 후 완두콩, 참기름을 넣어 새우가 많이 보이게 접시에 담아낸다.

Tip
• 케첩은 충분히 볶아줘야 떫은맛이 덜하다.
• 새우케첩볶음은 대표적인 북경요리이다.

## 합격 Point

- ⊘ 토마토케첩이 들어가므로 농도에 주의해야 한다.

- ⊘ 튀김용 전분을 사용할 때 소스용 전분 10g을 남겨놓고 사용한다.

- ⊘ 새우가 크면 등부분을 반으로 가른다.

- ⊘ 새우에 녹말가루는 살짝만 묻힌다.

**25**분

# 채소볶음

![요구사항]

**주어진 재료를 사용하여 다음과 같이 채소볶음을 만드시오.**

❶ 모든 채소는 길이 4cm의 편으로 써시오.

❷ 대파, 마늘, 생강을 제외한 모든 채소는 끓는 물에 살짝 데쳐서 사용하시오.


![수험자 유의사항]

❶ 만드는 순서에 유의하며, 위생과 숙련된 기능평가를 위하여 조리작업 시 맛을 보지 않습니다.

❷ 지정된 수험자지참준비물 이외의 조리기구나 재료를 시험장 내에 지참할 수 없습니다.

❸ 지급재료는 시험 전 확인하여 이상이 있을 경우 시험위원으로부터 조치를 받고 시험 중에는 재료의 교환 및 추가지급은 하지 않습니다.

❹ 요구사항 및 지급재료의 규격은 "정도"의 의미를 포함하며, 재료의 크기에 따라 가감하여 채점됩니다.

❺ 위생복, 위생모, 앞치마, 마스크를 착용하여야 하며, 시험장비 · 조리기구 취급 등 안전에 유의합니다.

❻ 다음 사항은 실격에 해당하여 **채점 대상에서 제외**됩니다.

   가) 수험자 본인이 시험 도중 시험에 대한 포기 의사를 표현하는 경우

   나) 위생복, 위생모, 앞치마, 마스크를 착용하지 않은 경우

   다) 시험시간 내에 과제 두 가지를 제출하지 못한 경우

   라) 문제의 요구사항대로 과제의 수량이 만들어지지 않은 경우

   마) 완성품을 요구사항의 과제(요리)가 아닌 다른 요리(예, 달걀말이→달걀찜)로 만든 경우

   바) 불을 사용하여 만든 조리작품이 작품특성에 벗어나는 정도로 타거나 익지 않은 경우

   사) 해당과제의 지급재료 이외 재료를 사용하거나, 요구사항의 조리기구(석쇠 등)로 완성품을 조리하지 않은 경우

   아) 지정된 수험자지참준비물 이외의 조리기술에 영향을 줄 수 있는 기구를 사용한 경우

   자) 가스레인지 화구 2개 이상(2개 포함) 사용한 경우

   차) 시험 중 시설 · 장비(칼, 가스레인지 등) 사용 시 시험위원 및 타 수험자의 시험 진행에 위해를 일으킬 것으로 시험위원 전원이 합의하여 판단한 경우

   카) 요구사항에 표시된 실격 및 부정행위에 해당하는 경우

❼ 항목별 배점은 위생상태 및 안전관리 5점, 조리기술 30점, 작품의 평가 15점입니다.

❽ 시험시작 전 가벼운 몸 풀기(스트레칭) 동작으로 긴장을 풀고 시험을 시작합니다.

| 재료 |

청경채 1개, 대파(흰 부분, 6cm) 1토막, 당근(길이로 썰어서) 50g, 죽순
(통조림(whole), 고형분) 30g, 청피망(중, 75g) 1/3개, 건표고버섯(지
름 5cm, 물에 불린 것) 2개, 식용유 45mL, 소금(정제염) 5g, 진간장
5mL, 청주 5mL, 참기름 5mL, 마늘(중, 깐 것) 1쪽, 흰 후춧가루 2g, 생
강 5g, 셀러리 30g, 양송이(통조림(whole), 양송이 큰 것) 2개, 녹말가
루(감자전분) 20g

| 채소볶음 만드는 법 |

01 모든 채소는 길이 4cm, 폭 1cm 정도의 크기로 편을 썬다.

02 대파, 마늘, 생강을 제외한 모든 채소를 데쳐준다.

03 물기를 없애고, 팬에 식용유를 두른 후 뜨거워지면 파, 마늘, 생
   강을 볶다 표고버섯을 넣고 향기가 나면 피망을 제외한 단단한
   채소를 넣어 볶다가 간장, 조미료, 육수, 후추, 청주를 넣는다.

04 육수가 끓으면 피망, 물녹말을 넣어 농도를 맞추고 참기름을
   넣으면서 불을 끈다.

05 보기 좋게 완성접시에 담아낸다.

## 합격 Point

✓ 표고버섯을 대파, 마늘과 같이 먼저 볶아준다.

✓ 채소의 색상을 살리려면 화력은 세게, 시간은 짧게 조리한다.

✓ 먼저 조리해 두면 색상이 변하기 쉬우므로 나중에 만든다.

✓ 양송이버섯이 지급되면 껍질을 벗겨내어 모양을 살려 편으로 썬다.

**35**분

# 양장피 잡채

**주어진 재료를 사용하여 다음과 같이 양장피 잡채를 만드시오.**

❶ 양장피는 4cm로 하시오.

❷ 고기와 채소는 5cm 길이의 채를 써시오.

❸ 겨자는 숙성시켜 사용하시오.

❹ 볶은 재료와 볶지 않은 재료의 분별에 유의하여 담아내시오.

❶ 만드는 순서에 유의하며, 위생과 숙련된 기능평가를 위하여 조리작업 시 맛을 보지 않습니다.

❷ 지정된 수험자지참준비물 이외의 조리기구나 재료를 시험장 내에 지참할 수 없습니다.

❸ 지급재료는 시험 전 확인하여 이상이 있을 경우 시험위원으로부터 조치를 받고 시험 중에는 재료의 교환 및 추가지급
은 하지 않습니다.

❹ 요구사항 및 지급재료의 규격은 "정도"의 의미를 포함하며, 재료의 크기에 따라 가감하여 채점됩니다.

❺ 위생복, 위생모, 앞치마, 마스크를 착용하여야 하며, 시험장비·조리기구 취급 등 안전에 유의합니다.

❻ 다음 사항은 실격에 해당하여 **채점 대상에서 제외**됩니다.

　가) 수험자 본인이 시험 도중 시험에 대한 포기 의사를 표현하는 경우

　나) 위생복, 위생모, 앞치마, 마스크를 착용하지 않은 경우

　다) 시험시간 내에 과제 두 가지를 제출하지 못한 경우

　라) 문제의 요구사항대로 과제의 수량이 만들어지지 않은 경우

　마) 완성품을 요구사항의 과제(요리)가 아닌 다른 요리(예, 달걀말이→달걀찜)로 만든 경우

　바) 불을 사용하여 만든 조리작품이 작품특성에 벗어나는 정도로 타거나 익지 않은 경우

　사) 해당과제의 지급재료 이외 재료를 사용하거나, 요구사항의 조리기구(석쇠 등)로 완성품을 조리하지 않은 경우

　아) 지정된 수험자지참준비물 이외의 조리기술에 영향을 줄 수 있는 기구를 사용한 경우

　자) 가스레인지 화구 2개 이상(2개 포함) 사용한 경우

　차) 시험 중 시설·장비(칼, 가스레인지 등) 사용 시 시험위원 및 타 수험자의 시험 진행에 위해를 일으킬 것으로 시험
　　위원 전원이 합의하여 판단한 경우

　카) 요구사항에 표시된 실격 및 부정행위에 해당하는 경우

❼ 항목별 배점은 위생상태 및 안전관리 5점, 조리기술 30점, 작품의 평가 15점입니다.

❽ 시험시작 전 가벼운 몸 풀기(스트레칭) 동작으로 긴장을 풀고 시험을 시작합니다.

| 재료 |

양장피 1/2장, 돼지등심(살코기) 50g, 양파(중, 150g) 1/2개, 조선부추 30g, 건목이버섯 1개, 당근 50g(길이로 썰어서), 오이(가늘고 곧은 것, 길이 20cm) 1/3개, 달걀 1개, 진간장 5mL, 참기름 5mL, 겨자 10g, 식초 50mL, 흰 설탕 30g, 식용유 20mL, 작은 새우살 50g, 갑오징어살(오징어 대체가능) 50g, 건해삼(불린 것) 60g, 소금(정제염) 3g

| 양장피 잡채 만드는 법 |

01 겨자는 40℃의 물로 익반죽한 후 발효시켜 식초, 육수, 설탕, 소금, 참기름, 간장으로 소스를 만들어 놓는다.

02 양장피는 물에 불려서 부드러워지면 끓는 물에 데쳐 찬물에 헹군 뒤 사방 4cm 정도로 뜯어 놓고 간장, 식초, 설탕, 참기름을 넣고 버무려준다.

03 돼지고기는 5cm 길이로 채썰어 달걀흰자, 청주, 소금, 후추, 녹말가루로 밑간한다.

04 부추는 5cm 길이로 자르고 파, 생강은 다진다.

05 오이는 돌려깎아 5cm 길이로 채썰고 당근, 양파도 같은 길이로 채썬다.

06 표고버섯도 손질하여 채썰어둔다.

07 새우는 내장을 빼고 꼬치에 끼워 삶아서 껍질을 벗겨 배 쪽으로 칼집을 넣어 정리해 준다.

08 해삼은 물에 불려 내장을 제거하고 채썬다.

09 갑오징어는 안쪽에 칼집을 넣은 뒤 채썰어 가운데 칼집을 넣어 펴면 나뭇잎 모양이 만들어지는데 이것을 끓는 물에 넣어 데친다.

10 달걀은 황·백으로 나누어 소금을 약간 넣고 풀어 지단을 부쳐 채썬다.

11 팬에 기름을 두르고 뜨거워지면 파, 생강을 볶다가 돼지고기, 양파, 표고, 부추를 넣고 살짝 볶아 소금, 후추, 조미료로 간을 하고 마지막에 참기름을 친다.

12 접시의 가장자리에 색깔을 맞추어 채소와 해산물을 가지런히 돌려 담고 가운데 양념한 양장피를 두르고 부추잡채를 넣은 후 겨자소스를 끼얹는다.

Tip

손이 많이 가기 때문에 비싼 요리에 속한다.

합격 Point

✓ 양장피 잡채는 시간이 많이 걸리므로 시간 안배를 잘해야 한다.

✓ 양장피는 오래 담가두거나 오래 삶으면 곤죽이 되며 삶았을 때는 참기름에 무쳐 놓아야 서로 달라붙지 않는다.

✓ 새우는 삶을 때 꼬치에 끼워서 삶으면 모양을 유지할 수 있고, 껍질을 벗겨 머리 쪽을 안쪽으로 놓는다.

✓ 모든 재료는 크기와 모양을 일정하게 썬다.

✓ 오이는 돌려깎기하여 겉과 속을 채썰어 사용한다.

✓ 겨자는 40℃ 이상의 따뜻한 물에 개어 따뜻한 곳에 두어 발효시켜야 쓴맛이 줄어든다.

# 오징어 냉채

## 요구사항

**주어진 재료를 사용하여 다음과 같이 오징어 냉채를 만드시오.**

❶ 오징어 몸살은 종횡으로 칼집을 내어 3~4cm로 썰어 데쳐서 사용하시오.

❷ 오이는 얇게 3cm 편으로 썰어 사용하시오.

❸ 겨자를 숙성시킨 후 소스를 만드시오.

## 수험자 유의사항

❶ 만드는 순서에 유의하며, 위생과 숙련된 기능평가를 위하여 조리작업 시 맛을 보지 않습니다.

❷ 지정된 수험자지참준비물 이외의 조리기구나 재료를 시험장 내에 지참할 수 없습니다.

❸ 지급재료는 시험 전 확인하여 이상이 있을 경우 시험위원으로부터 조치를 받고 시험 중에는 재료의 교환 및 추가지급 은 하지 않습니다.

❹ 요구사항 및 지급재료의 규격은 "정도"의 의미를 포함하며, 재료의 크기에 따라 가감하여 채점됩니다.

❺ 위생복, 위생모, 앞치마, 마스크를 착용하여야 하며, 시험장비 · 조리기구 취급 등 안전에 유의합니다.

❻ 다음 사항은 실격에 해당하여 **채점 대상에서 제외**됩니다.

　가) 수험자 본인이 시험 도중 시험에 대한 포기 의사를 표현하는 경우

　나) 위생복, 위생모, 앞치마, 마스크를 착용하지 않은 경우

　다) 시험시간 내에 과제 두 가지를 제출하지 못한 경우

　라) 문제의 요구사항대로 과제의 수량이 만들어지지 않은 경우

　마) 완성품을 요구사항의 과제(요리)가 아닌 다른 요리(예, 달걀말이→달걀찜)로 만든 경우

　바) 불을 사용하여 만든 조리작품이 작품특성에 벗어나는 정도로 타거나 익지 않은 경우

　사) 해당과제의 지급재료 이외 재료를 사용하거나, 요구사항의 조리기구(석쇠 등)로 완성품을 조리하지 않은 경우

　아) 지정된 수험자지참준비물 이외의 조리기술에 영향을 줄 수 있는 기구를 사용한 경우

　자) 가스레인지 화구 2개 이상(2개 포함) 사용한 경우

　차) 시험 중 시설 · 장비(칼, 가스레인지 등) 사용 시 시험위원 및 타 수험자의 시험 진행에 위해를 일으킬 것으로 시험 위원 전원이 합의하여 판단한 경우

　카) 요구사항에 표시된 실격 및 부정행위에 해당하는 경우

❼ 항목별 배점은 위생상태 및 안전관리 5점, 조리기술 30점, 작품의 평가 15점입니다.

❽ 시험시작 전 가벼운 몸 풀기(스트레칭) 동작으로 긴장을 풀고 시험을 시작합니다.

| 재료 |

갑오징어살(오징어 대체가능) 100g, 오이(가늘고 곧은 것, 길이 20cm) 1/3개, 식초 30mL, 흰 설탕 15g, 소금(정제염) 2g, 참기름 5mL, 겨자 20g

| 오징어 냉채 만드는 법 |

01  오징어는 내장을 제거하고 껍질을 벗겨서 안쪽에 가로세로 0.3cm 간격으로 칼집을 넣고 길이 3~4cm, 넓이 2cm로 잘라 끓는 물에 데친 뒤 찬물에 식혀서 물기를 제거한다.

02  오이는 소금으로 문질러 씻어 길이로 반 갈라 길이 4cm, 두께 0.2cm로 반달썰기한다.

03  겨잣가루에 40℃의 물을 넣고 익반죽하여 따뜻한 곳에 놓아 매운맛이 나도록 발효시킨다.

04  발효시킨 겨자에 설탕, 육수, 소금, 식초, 간장을 혼합하여 간을 맞춘 후 참기름을 약간 친다.

05  오이와 오징어의 양이 비슷하게 보이도록 그릇에 담고 겨자 소스를 끼얹는다.

합격 Point

✓ 먼저 겨자를 발효시키고 나머지 작업을 하는 것이 시간 사용에 좋다.

✓ 오징어는 종횡으로 칼집을 주기도 하고 나뭇잎 모양으로 칼집을 내기
   도 한다.

**25분**

# 빠스옥수수

## 요구사항

**주어진 재료를 사용하여 다음과 같이 빠스옥수수를 만드시오.**

❶ 완자의 크기를 지름 3cm 공 모양으로 하시오.

❷ 땅콩은 다져 옥수수와 함께 버무려 사용하시오.

❸ 설탕시럽은 타지 않게 만드시오.

❹ 빠스옥수수는 6개 만드시오.

## 수험자 유의사항

❶ 만드는 순서에 유의하며, 위생과 숙련된 기능평가를 위하여 조리작업 시 맛을 보지 않습니다.

❷ 지정된 수험자지참준비물 이외의 조리기구나 재료를 시험장 내에 지참할 수 없습니다.

❸ 지급재료는 시험 전 확인하여 이상이 있을 경우 시험위원으로부터 조치를 받고 시험 중에는 재료의 교환 및 추가지급은 하지 않습니다.

❹ 요구사항 및 지급재료의 규격은 "정도"의 의미를 포함하며, 재료의 크기에 따라 가감하여 채점됩니다.

❺ 위생복, 위생모, 앞치마, 마스크를 착용하여야 하며, 시험장비 · 조리기구 취급 등 안전에 유의합니다.

❻ 다음 사항은 실격에 해당하여 **채점 대상에서 제외**됩니다.

    가) 수험자 본인이 시험 도중 시험에 대한 포기 의사를 표현하는 경우

    나) 위생복, 위생모, 앞치마, 마스크를 착용하지 않은 경우

    다) 시험시간 내에 과제 두 가지를 제출하지 못한 경우

    라) 문제의 요구사항대로 과제의 수량이 만들어지지 않은 경우

    마) 완성품을 요구사항의 과제(요리)가 아닌 다른 요리(예, 달걀말이→달걀찜)로 만든 경우

    바) 불을 사용하여 만든 조리작품이 작품특성에 벗어나는 정도로 타거나 익지 않은 경우

    사) 해당과제의 지급재료 이외 재료를 사용하거나, 요구사항의 조리기구(석쇠 등)로 완성품을 조리하지 않은 경우

    아) 지정된 수험자지참준비물 이외의 조리기술에 영향을 줄 수 있는 기구를 사용한 경우

    자) 가스레인지 화구 2개 이상(2개 포함) 사용한 경우

    차) 시험 중 시설 · 장비(칼, 가스레인지 등) 사용 시 시험위원 및 타 수험자의 시험 진행에 위해를 일으킬 것으로 시험위원 전원이 합의하여 판단한 경우

    카) 요구사항에 표시된 실격 및 부정행위에 해당하는 경우

❼ 항목별 배점은 위생상태 및 안전관리 5점, 조리기술 30점, 작품의 평가 15점입니다.

❽ 시험시작 전 가벼운 몸 풀기(스트레칭) 동작으로 긴장을 풀고 시험을 시작합니다.

| 재료 |

옥수수(통조림(고형분)) 120g, 땅콩 7알, 밀가루(중력분) 80g, 달걀 1개, 흰 설탕 50g, 식용유 500mL

| 빠스옥수수 만드는 법 |

01  옥수수 통조림은 체에 밭쳐 물기를 뺀 다음 도마에서 1/2 정도 부드럽게 다져준다.

02  땅콩도 1/2 정도로 다져준다.

03  다진 옥수수와 땅콩에 달걀노른자와 밀가루 2~3T를 잘 섞어 직경 3cm가 되게 완자를 빚는다.

04  튀김 온도를 170℃ 전후로 하여 옥수수완자를 노릇노릇하게 튀긴다.

05  기름 2t, 설탕 2T를 넣어 약불에서 끓여 갈색시럽이 되면 옥수수완자를 넣고 버무린 후 물 1T를 넣어 완자가 붙지 않도록 한다.

06  시럽이 고루 묻으면 체에 밭쳐 서로 달라붙지 않게 찬물을 끼얹는다.

07  식힌 후 접시에 보기 좋게 담아낸다.

Tip
- 고급식당에 가면 간혹 찬물과 같이 나오는 경우가 있는데, 그것은 뜨거운 옥수수를 찬물에 잠시 넣다 빼서 식힌 다음 먹도록 한 것이다.
- 고구마탕 조리방법이 비슷하다.

**합격 Point**

☑ 시럽에 옥수수완자를 넣어 버무린 후 찬물을 조금 끼얹으면 빨리 굳어서 형체를 잘 유지할 수 있다.

☑ 시럽을 너무 뜨거운 온도에서 만들면 설탕이 타 불이 날 수 있으므로 주의한다.

☑ 시럽의 농도는 물로 맞추고 시럽이 뜨거울 때 옥수수완자에 시럽을 입힌다.

☑ 옥수수완자에 시럽을 묻힌 후 찬물을 끼얹어주어야 하나씩 잘 떨어진다.

☑ 옥수수완자를 빚을 때 식용유를 손과 접시에 바른 후 적당량을 접시에 떼어놓고 둥글려 빚으면 편리하다. 완성접시에도 기름을 발라 달라붙지 않도록 한다.

# 탕수육

 **요구사항**

**주어진 재료를 사용하여 다음과 같이 탕수육을 만드시오.**

❶ 돼지고기는 길이 4cm, 두께 1cm의 긴 사각형 크기로 써시오.

❷ 채소는 편으로 써시오.

❸ 앙금녹말을 만들어 사용하시오.

❹ 소스는 달콤하고 새콤한 맛이 나도록 만들어 돼지고기에 버무려 내시오.

**수험자 유의사항**

❶ 만드는 순서에 유의하며, 위생과 숙련된 기능평가를 위하여 조리작업 시 맛을 보지 않습니다.

❷ 지정된 수험자지참준비물 이외의 조리기구나 재료를 시험장 내에 지참할 수 없습니다.

❸ 지급재료는 시험 전 확인하여 이상이 있을 경우 시험위원으로부터 조치를 받고 시험 중에는 재료의 교환 및 추가지급
은 하지 않습니다.

❹ 요구사항 및 지급재료의 규격은 "정도"의 의미를 포함하며, 재료의 크기에 따라 가감하여 채점됩니다.

❺ 위생복, 위생모, 앞치마, 마스크를 착용하여야 하며, 시험장비 · 조리기구 취급 등 안전에 유의합니다.

❻ 다음 사항은 실격에 해당하여 **채점 대상에서 제외**됩니다.

　가) 수험자 본인이 시험 도중 시험에 대한 포기 의사를 표현하는 경우

　나) 위생복, 위생모, 앞치마, 마스크를 착용하지 않은 경우

　다) 시험시간 내에 과제 두 가지를 제출하지 못한 경우

　라) 문제의 요구사항대로 과제의 수량이 만들어지지 않은 경우

　마) 완성품을 요구사항의 과제(요리)가 아닌 다른 요리(예, 달걀말이→달걀찜)로 만든 경우

　바) 불을 사용하여 만든 조리작품이 작품특성에 벗어나는 정도로 타거나 익지 않은 경우

　사) 해당과제의 지급재료 이외 재료를 사용하거나, 요구사항의 조리기구(석쇠 등)로 완성품을 조리하지 않은 경우

　아) 지정된 수험자지참준비물 이외의 조리기술에 영향을 줄 수 있는 기구를 사용한 경우

　자) 가스레인지 화구 2개 이상(2개 포함) 사용한 경우

　차) 시험 중 시설 · 장비(칼, 가스레인지 등) 사용 시 시험위원 및 타 수험자의 시험 진행에 위해를 일으킬 것으로 시험
　　위원 전원이 합의하여 판단한 경우

　카) 요구사항에 표시된 실격 및 부정행위에 해당하는 경우

❼ 항목별 배점은 위생상태 및 안전관리 5점, 조리기술 30점, 작품의 평가 15점입니다.

❽ 시험시작 전 가벼운 몸 풀기(스트레칭) 동작으로 긴장을 풀고 시험을 시작합니다.

| 재료 |

돼지등심(살코기) 200g, 진간장 15mL, 달걀 1개, 녹말가루(감자전분) 100g, 식용유 800mL, 식초 50mL, 흰 설탕 100g, 대파(흰 부분, 6cm) 1토막, 당근(길이로 썰어서) 30g, 완두(통조림) 15g, 오이(가늘고 곧은 것, 20cm) 1/4개(원형으로 지급), 건목이버섯 1개, 양파(중, 150g) 1/4개, 청주 15mL

| 탕수육 만드는 법 |

01  녹말가루와 물을 1:1 비율로 3T씩 넣어 앙금녹말을 만든다.

02  돼지고기는 1×4cm 길이로 길게 썰어 간장, 생강, 청주로 밑 간을 한 후 달걀흰자와 앙금녹말을 넣고 반죽하여 170℃의 기름에 두 번 튀긴다.

03  오이와 당근은 반으로 나누어 어슷 썰고 양파는 4×1cm 크기로 썰고 청경채는 4~5cm 크기로 자르고 목이버섯은 불려서 씻은 후 손으로 뜯는다.

04  대파는 3cm 길이로 썰고 생강은 편으로 저며 놓는다.

05  팬에 식용유를 두르고 파, 생강을 볶다가 채소를 넣고 간장, 청주, 설탕, 식초, 소금, 후추, 육수를 넣고 끓여 물녹말로 농도를 맞추고 참기름을 넣으면서 불을 끈다.

06  튀긴 고기를 소스에 넣고 고루 버무려 그릇에 담아낸다.

합격 Point

- ⊘ 고기는 완전히 익도록 두 번 튀기고, 뜨거운 프라이팬에 기름을 두르고 양파, 당근 순으로 볶는다.

- ⊘ 소스의 농도는 앙금녹말(물:녹말=1:1)을 만들어 조리한다.

- ⊘ 수험장에서 고기가 지급되면 먼저 준비한 키친타월 위에 올려 핏물을 제거한다.

# 해파리 냉채

**주어진 재료를 사용하여 다음과 같이 해파리 냉채를 만드시오.**

❶ 해파리는 염분을 제거하고 살짝 데쳐서 사용하시오.

❷ 오이는 0.2×6cm 크기로 어슷하게 채를 써시오.

❸ 해파리와 오이를 섞어 마늘소스를 끼얹어 내시오.

### 수험자 유의사항

❶ 만드는 순서에 유의하며, 위생과 숙련된 기능평가를 위하여 조리작업 시 맛을 보지 않습니다.

❷ 지정된 수험자지참준비물 이외의 조리기구나 재료를 시험장 내에 지참할 수 없습니다.

❸ 지급재료는 시험 전 확인하여 이상이 있을 경우 시험위원으로부터 조치를 받고 시험 중에는 재료의 교환 및 추가지급은 하지 않습니다.

❹ 요구사항 및 지급재료의 규격은 "정도"의 의미를 포함하며, 재료의 크기에 따라 가감하여 채점됩니다.

❺ 위생복, 위생모, 앞치마, 마스크를 착용하여야 하며, 시험장비 · 조리기구 취급 등 안전에 유의합니다.

❻ 다음 사항은 실격에 해당하여 **채점 대상에서 제외**됩니다.

    가) 수험자 본인이 시험 도중 시험에 대한 포기 의사를 표현하는 경우

    나) 위생복, 위생모, 앞치마, 마스크를 착용하지 않은 경우

    다) 시험시간 내에 과제 두 가지를 제출하지 못한 경우

    라) 문제의 요구사항대로 과제의 수량이 만들어지지 않은 경우

    마) 완성품을 요구사항의 과제(요리)가 아닌 다른 요리(예, 달걀말이→달걀찜)로 만든 경우

    바) 불을 사용하여 만든 조리작품이 작품특성에 벗어나는 정도로 타거나 익지 않은 경우

    사) 해당과제의 지급재료 이외 재료를 사용하거나, 요구사항의 조리기구(석쇠 등)로 완성품을 조리하지 않은 경우

    아) 지정된 수험자지참준비물 이외의 조리기술에 영향을 줄 수 있는 기구를 사용한 경우

    자) 가스레인지 화구 2개 이상(2개 포함) 사용한 경우

    차) 시험 중 시설 · 장비(칼, 가스레인지 등) 사용 시 시험위원 및 타 수험자의 시험 진행에 위해를 일으킬 것으로 시험위원 전원이 합의하여 판단한 경우

    카) 요구사항에 표시된 실격 및 부정행위에 해당하는 경우

❼ 항목별 배점은 위생상태 및 안전관리 5점, 조리기술 30점, 작품의 평가 15점입니다.

❽ 시험시작 전 가벼운 몸 풀기(스트레칭) 동작으로 긴장을 풀고 시험을 시작합니다.

| 재료 |

해파리 150g, 오이(가늘고 곧은 것, 20cm) 1/2개, 마늘(중, 깐 것) 3쪽, 식초 45mL, 흰 설탕 15g, 소금(정제염) 7g, 참기름 5mL

| 해파리 냉채 만드는 법 |

01 해파리는 엷은 소금물에 담가 짠 소금물을 빼고 끓는 물에 살짝 데쳐 찬물에 담갔다가 물기를 제거한 후 식초물에 담가 부드러워지면 물기를 뺀다.

02 오이는 돌려깎기하여 6cm 길이로 채썰고 마늘은 다진다.

03 육수에 마늘, 식초, 설탕, 소금, 간장을 넣어 마늘소스를 만든다.

04 접시에 해파리, 오이채를 섞어 담고 마늘소스를 가볍게 버무린다.

합격 **Point**

✓ 해파리를 데칠 때 끓는 물에 데치면 해파리가 쪼그라들어 팍팍해지므로 70℃ 정도의 물에 데쳐낸 후 식초를 한 방울 떨어뜨린 찬물에 담가 둔다.

✓ 겨자가 나오면 마늘소스에 겨자 갠 것을 섞어준다.

**30**<sup>분</sup>

# 홍쇼두부

요구사항

**주어진 재료를 사용하여 다음과 같이 홍쇼두부를 만드시오.**

❶ 두부는 가로와 세로 5cm, 두께 1cm의 삼각형 크기로 써시오.

❷ 채소는 편으로 써시오.

❸ 두부는 으깨어지거나 붙지 않게 하고 갈색이 나도록 하시오.

수험자 유의사항

❶ 만드는 순서에 유의하며, 위생과 숙련된 기능평가를 위하여 조리작업 시 맛을 보지 않습니다.

❷ 지정된 수험자지참준비물 이외의 조리기구나 재료를 시험장 내에 지참할 수 없습니다.

❸ 지급재료는 시험 전 확인하여 이상이 있을 경우 시험위원으로부터 조치를 받고 시험 중에는 재료의 교환 및 추가지급은 하지 않습니다.

❹ 요구사항 및 지급재료의 규격은 "정도"의 의미를 포함하며, 재료의 크기에 따라 가감하여 채점됩니다.

❺ 위생복, 위생모, 앞치마, 마스크를 착용하여야 하며, 시험장비·조리기구 취급 등 안전에 유의합니다.

❻ 다음 사항은 실격에 해당하여 **채점 대상에서 제외**됩니다.

　　가) 수험자 본인이 시험 도중 시험에 대한 포기 의사를 표현하는 경우

　　나) 위생복, 위생모, 앞치마, 마스크를 착용하지 않은 경우

　　다) 시험시간 내에 과제 두 가지를 제출하지 못한 경우

　　라) 문제의 요구사항대로 과제의 수량이 만들어지지 않은 경우

　　마) 완성품을 요구사항의 과제(요리)가 아닌 다른 요리(예, 달걀말이→달걀찜)로 만든 경우

　　바) 불을 사용하여 만든 조리작품이 작품특성에 벗어나는 정도로 타거나 익지 않은 경우

　　사) 해당과제의 지급재료 이외 재료를 사용하거나, 요구사항의 조리기구(석쇠 등)로 완성품을 조리하지 않은 경우

　　아) 지정된 수험자지참준비물 이외의 조리기술에 영향을 줄 수 있는 기구를 사용한 경우

　　자) 가스레인지 화구 2개 이상(2개 포함) 사용한 경우

　　차) 시험 중 시설·장비(칼, 가스레인지 등) 사용 시 시험위원 및 타 수험자의 시험 진행에 위해를 일으킬 것으로 시험위원 전원이 합의하여 판단한 경우

　　카) 요구사항에 표시된 실격 및 부정행위에 해당하는 경우

❼ 항목별 배점은 위생상태 및 안전관리 5점, 조리기술 30점, 작품의 평가 15점입니다.

❽ 시험시작 전 가벼운 몸 풀기(스트레칭) 동작으로 긴장을 풀고 시험을 시작합니다.

| 재료 |

두부 150g, 돼지등심(살코기) 50g, 건표고버섯(지름 5cm, 물에 불린 것) 1개, 죽순(통조림(whole), 고형분) 30g, 마늘(중, 깐 것) 2쪽, 생강 5g, 진간장 15mL, 녹말가루(감자전분) 10g, 청주 5mL, 참기름 5mL, 식용유 500mL, 청경채 1포기, 대파(흰 부분, 6cm) 1토막, 홍고추(생) 1개, 양송이(통조림(whole), 양송이 큰 것) 1개, 달걀 1개

| 홍쇼두부 만드는 법 |

01 두부는 사방 5cm, 두께 1cm의 삼각 모양으로 썰어 소금을 뿌려 팬에 노릇노릇하게 지진다.

02 돼지고기는 납작하게 썰고 파는 3cm 길이로 잘라 4등분한다.

03 죽순은 빗살무늬로 썰고 표고는 포 뜨듯이 넓게 자르고 배추, 마늘, 생강은 편으로 썰어 놓는다.

04 홍고추는 편으로 자르고 양송이버섯은 밑동을 잘라 모양대로 썬다.

05 팬에 기름을 두르고 뜨거워지면 파, 마늘, 생강을 넣고 볶다가 돼지고기, 청주를 넣고 볶는다. 채소를 넣고 익으면 육수를 붓고 끓인다.

06 5에 두부를 넣고 소금, 후추로 간한 후 물녹말을 넣어 농도를 조절한 다음 간장, 참기름을 넣는다. 이때 두부는 바삭하게 지져야 부서지지 않는다.

합격 Point

⊘ 두부를 튀길 때는 물기를 제거하고 너무 바싹 튀기지 않도록 한다.

⊘ 두부는 노릇노릇하고 바삭하게 지져야 부서지지 않는다.

⊘ 채소는 크게 자르고 홍고추는 육수가 끓은 뒤에 넣으면 색이 예쁘다.

**30분**

# 유니짜장면

 **요구사항**

**주어진 재료를 사용하여 다음과 같이 유니짜장면을 만드시오.**

❶ 춘장은 기름에 볶아서 사용하시오.

❷ 양파, 호박은 0.5×0.5cm 크기의 네모꼴로 써시오.

❸ 중식면은 끓는 물에 삶아 찬물에 헹군 후 데쳐 사용하시오.

❹ 삶은 면에 짜장소스를 부어 오이채를 올려내시오.

 **수험자 유의사항**

❶ 만드는 순서에 유의하며, 위생과 숙련된 기능평가를 위하여 조리작업 시 맛을 보지 않습니다.

❷ 지정된 수험자지참준비물 이외의 조리기구나 재료를 시험장 내에 지참할 수 없습니다.

❸ 지급재료는 시험 전 확인하여 이상이 있을 경우 시험위원으로부터 조치를 받고 시험 중에는 재료의 교환 및 추가지급은 하지 않습니다.

❹ 요구사항 및 지급재료의 규격은 "정도"의 의미를 포함하며, 재료의 크기에 따라 가감하여 채점됩니다.

❺ 위생복, 위생모, 앞치마, 마스크를 착용하여야 하며, 시험장비 · 조리기구 취급 등 안전에 유의합니다.

❻ 다음 사항은 실격에 해당하여 **채점 대상에서 제외**됩니다.

　가) 수험자 본인이 시험 도중 시험에 대한 포기 의사를 표현하는 경우

　나) 위생복, 위생모, 앞치마, 마스크를 착용하지 않은 경우

　다) 시험시간 내에 과제 두 가지를 제출하지 못한 경우

　라) 문제의 요구사항대로 과제의 수량이 만들어지지 않은 경우

　마) 완성품을 요구사항의 과제(요리)가 아닌 다른 요리(예, 달걀말이→달걀찜)로 만든 경우

　바) 불을 사용하여 만든 조리작품이 작품특성에 벗어나는 정도로 타거나 익지 않은 경우

　사) 해당과제의 지급재료 이외 재료를 사용하거나, 요구사항의 조리기구(석쇠 등)로 완성품을 조리하지 않은 경우

　아) 지정된 수험자지참준비물 이외의 조리기술에 영향을 줄 수 있는 기구를 사용한 경우

　자) 가스레인지 화구 2개 이상(2개 포함) 사용한 경우

　차) 시험 중 시설 · 장비(칼, 가스레인지 등) 사용 시 시험위원 및 타 수험자의 시험 진행에 위해를 일으킬 것으로 시험위원 전원이 합의하여 판단한 경우

　카) 요구사항에 표시된 실격 및 부정행위에 해당하는 경우

❼ 항목별 배점은 위생상태 및 안전관리 5점, 조리기술 30점, 작품의 평가 15점입니다.

❽ 시험시작 전 가벼운 몸 풀기(스트레칭) 동작으로 긴장을 풀고 시험을 시작합니다.

| 재료 |

돼지등심(다진 살코기) 50g, 중식면(생면) 150g, 양파(중, 150g) 1개, 호박(애호박) 50g, 오이(가늘고 곧은 것, 길이 20cm) 1/4개, 춘장 50g, 생강 10g, 진간장 50mL, 청주 50mL, 소금 10g, 흰 설탕 20g, 참기름 10mL, 녹말가루(감자전분) 50g, 식용유 100mL

| 유니짜장면 만드는 법 |

01 양파, 호박은 깨끗하게 씻어 0.5×0.5cm 정도 크기의 네모꼴로 썰고 생강은 다진다.

02 팬에 식용유(50mL)를 두르고 춘장(50mL)을 넣어 타지 않도록 잘 볶는다(식용유와 춘장의 비율은 1 : 1이 좋다).

03 차가운 물 3T에 녹말가루 3T을 풀어 앙금녹말을 준비한다.

04 팬에 식용유를 두른 뒤 다진 생강을 넣어 볶다가 돼지고기를 넣고 볶으면서 청주, 진간장을 넣어 향을 낸다.

05 4에 다진 양파를 넣고 볶다가 호박을 넣어 볶는다.

06 5에 볶은 춘장을 넣고 볶다가 물(육수)과 약간의 소금, 백설탕으로 간을 한 후 끓으면 물녹말로 농도를 맞추고 참기름을 약간 넣어 완성한다.

07 중화면은 끓는 물에 소금을 약간 넣고 끓어 오르면 찬물을 1/2컵씩 3번 반복해서 투명해질 때까지 삶아 찬물에 씻어 물기를 뺀다.

08 삶은 중화면을 따뜻한 물에 데쳐 물기를 뺀 뒤 그릇에 담고 완성한 짜장소스를 붓는다.

09 위에 오이를 곱게 채썰어 올려 완성한다.

## 합격 Point

&#x2705; 양파, 호박을 0.5×0.5cm 정도의 네모꼴로 잘라야 모양이 좋다.

&#x2705; 짜장소스의 농도를 적절하게 조절한다.

&#x2705; 현장에서는 춘장을 볶을 때 식용유와의 비율을 1:2로 사용하기도 한다.

# 울면

 요구사항

**주어진 재료를 사용하여 다음과 같이 울면을 만드시오.**

❶ 오징어, 대파, 양파, 당근, 배추잎은 6cm 길이로 채를 써시오.

❷ 중식면은 끓는 물에 삶아 찬물에 헹군 후 데쳐서 사용하시오.

❸ 소스는 농도를 잘 맞춘 다음, 달걀을 풀 때 덩어리지지 않게 하시오.

수험자 유의사항

❶ 만드는 순서에 유의하며, 위생과 숙련된 기능평가를 위하여 조리작업 시 맛을 보지 않습니다.

❷ 지정된 수험자지참준비물 이외의 조리기구나 재료를 시험장 내에 지참할 수 없습니다.

❸ 지급재료는 시험 전 확인하여 이상이 있을 경우 시험위원으로부터 조치를 받고 시험 중에는 재료의 교환 및 추가지급
   은 하지 않습니다.

❹ 요구사항 및 지급재료의 규격은 "정도"의 의미를 포함하며, 재료의 크기에 따라 가감하여 채점됩니다.

❺ 위생복, 위생모, 앞치마, 마스크를 착용하여야 하며, 시험장비 · 조리기구 취급 등 안전에 유의합니다.

❻ 다음 사항은 실격에 해당하여 **채점 대상에서 제외**됩니다.

   가) 수험자 본인이 시험 도중 시험에 대한 포기 의사를 표현하는 경우

   나) 위생복, 위생모, 앞치마, 마스크를 착용하지 않은 경우

   다) 시험시간 내에 과제 두 가지를 제출하지 못한 경우

   라) 문제의 요구사항대로 과제의 수량이 만들어지지 않은 경우

   마) 완성품을 요구사항의 과제(요리)가 아닌 다른 요리(예, 달걀말이→달걀찜)로 만든 경우

   바) 불을 사용하여 만든 조리작품이 작품특성에 벗어나는 정도로 타거나 익지 않은 경우

   사) 해당과제의 지급재료 이외 재료를 사용하거나, 요구사항의 조리기구(석쇠 등)로 완성품을 조리하지 않은 경우

   아) 지정된 수험자지참준비물 이외의 조리기술에 영향을 줄 수 있는 기구를 사용한 경우

   자) 가스레인지 화구 2개 이상(2개 포함) 사용한 경우

   차) 시험 중 시설 · 장비(칼, 가스레인지 등) 사용 시 시험위원 및 타 수험자의 시험 진행에 위해를 일으킬 것으로 시험
      위원 전원이 합의하여 판단한 경우

   카) 요구사항에 표시된 실격 및 부정행위에 해당하는 경우

❼ 항목별 배점은 위생상태 및 안전관리 5점, 조리기술 30점, 작품의 평가 15점입니다.

❽ 시험시작 전 가벼운 몸 풀기(스트레칭) 동작으로 긴장을 풀고 시험을 시작합니다.

| 재료 |

중식면(생면) 150g, 오징어(몸통) 50g, 작은 새우살 20g, 조선부추 10g, 대파(흰 부분, 6cm) 1토막, 마늘(중, 깐 것) 3쪽, 당근(길이 6cm) 20g, 배추잎 20g(1/2잎), 건목이버섯 1개, 양파(중, 150g) 1/4개, 달걀 1개, 진간장 5mL, 청주 30mL, 참기름 5mL, 소금 5g, 녹말가루(감자전분) 20g, 흰 후춧가루 3g

| 울면 만드는 법 |

01 건목이버섯을 미지근한 물에 불려 부드러워지면 비벼 씻어서 깨끗하게 준비한다.

02 오징어, 양파, 대파, 당근, 배추잎은 6cm 정도로 자른다.

03 부추는 잘 다듬어 6cm 정도로 자른다.

04 마늘은 다져서 준비하고 불린 목이버섯은 자르거나 손으로 뜯어서 준비한다.

05 새우살은 소금물에 씻어서 준비한다.

06 차가운 물 1T에 녹말가루 1T을 풀어 앙금녹말을 준비한다.

07 중화면은 끓는 물에 소금을 약간 넣고 끓어오르면 찬물을 1/2컵씩 3번 반복해서 투명해질 때까지 삶아 찬물에 씻어 물기를 뺀다.

08 팬에 육수(물)를 붓고 향신료와 청주, 육수를 넣고 진간장, 소금, 흰 후춧가루로 간을 하고 데친 부재료(채소)와 새우를 넣고 끓인다.

09 끓어 오르면 불을 줄이고 거품을 걷어낸 후 앙금녹말로 농도를 맞추어 걸쭉해지면 달걀을 덩어리지지 않게 풀어 익으면 흰 후춧가루와 참기름을 한 방울 넣어 마무리한다.

10 삶은 중화면을 따뜻한 물에 데쳐 물기를 빼서 그릇에 담고 완성된 울면 소스를 붓는다.

합격 Point

☑ 물녹말을 풀 때 약한 불에서 풀어야 농도를 조절하기 좋다.

☑ 달걀을 풀 때 약한 불에서 서서히 풀어야 덩어리지지 않는다.

☑ 식용유가 지급되면 향신료를 볶다가 주재료를 볶고 육수(물)를 넣어 완성한다.

# 탕수생선살

**⏱ 30분**

## 요구사항

**주어진 재료를 사용하여 다음과 같이 탕수생선살을 만드시오.**

❶ 생선살은 1×4cm 크기로 썰어 사용하시오.

❷ 채소는 편으로 썰어 사용하시오.

❸ 소스는 달콤하고 새콤한 맛이 나도록 만들어 튀긴 생선에 버무려 내시오.

## 수험자 유의사항

❶ 만드는 순서에 유의하며, 위생과 숙련된 기능평가를 위하여 조리작업 시 맛을 보지 않습니다.

❷ 지정된 수험자지참준비물 이외의 조리기구나 재료를 시험장 내에 지참할 수 없습니다.

❸ 지급재료는 시험 전 확인하여 이상이 있을 경우 시험위원으로부터 조치를 받고 시험 중에는 재료의 교환 및 추가지급
   은 하지 않습니다.

❹ 요구사항 및 지급재료의 규격은 "정도"의 의미를 포함하며, 재료의 크기에 따라 가감하여 채점됩니다.

❺ 위생복, 위생모, 앞치마, 마스크를 착용하여야 하며, 시험장비 · 조리기구 취급 등 안전에 유의합니다.

❻ 다음 사항은 실격에 해당하여 **채점 대상에서 제외**됩니다.

   가) 수험자 본인이 시험 도중 시험에 대한 포기 의사를 표현하는 경우

   나) 위생복, 위생모, 앞치마, 마스크를 착용하지 않은 경우

   다) 시험시간 내에 과제 두 가지를 제출하지 못한 경우

   라) 문제의 요구사항대로 과제의 수량이 만들어지지 않은 경우

   마) 완성품을 요구사항의 과제(요리)가 아닌 다른 요리(예, 달걀말이→달걀찜)로 만든 경우

   바) 불을 사용하여 만든 조리작품이 작품특성에 벗어나는 정도로 타거나 익지 않은 경우

   사) 해당과제의 지급재료 이외 재료를 사용하거나, 요구사항의 조리기구(석쇠 등)로 완성품을 조리하지 않은 경우

   아) 지정된 수험자지참준비물 이외의 조리기술에 영향을 줄 수 있는 기구를 사용한 경우

   자) 가스레인지 화구 2개 이상(2개 포함) 사용한 경우

   차) 시험 중 시설 · 장비(칼, 가스레인지 등) 사용 시 시험위원 및 타 수험자의 시험 진행에 위해를 일으킬 것으로 시험
      위원 전원이 합의하여 판단한 경우

   카) 요구사항에 표시된 실격 및 부정행위에 해당하는 경우

❼ 항목별 배점은 위생상태 및 안전관리 5점, 조리기술 30점, 작품의 평가 15점입니다.

❽ 시험시작 전 가벼운 몸 풀기(스트레칭) 동작으로 긴장을 풀고 시험을 시작합니다.

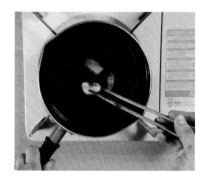

| 재료 |

흰 생선살(껍질 벗긴 것, 동태 또는 대구) 150g, 당근 30g, 오이(가늘고 곧은 것, 20cm) 1/6개, 완두콩 20g, 파인애플(통조림) 1쪽, 건목이버섯 1개, 녹말가루(감자전분) 100g, 식용유 600mL, 식초 60mL, 흰 설탕 100g, 진간장 30mL, 달걀 1개

| 탕수생선살 만드는 법 |

01 껍질 벗긴 생선살은 길 1×4cm로 썰어 물기를 제거하고 밑 간을 한다.

02 당근과 오이, 파인애플은 모양내어 편으로 썰고 건목이버섯은 미지근한 물에 불려 부드러워지면 비벼 씻어서 깨끗하게 손으로 찢어서 준비한다.

03 완두콩은 끓는 물에 데쳐내어 찬물에 헹군 뒤 체에 받쳐 물기를 제거한다.

04 팬에 튀김기름을 준비한다.

05 준비한 생선살은 달걀과 앙금녹말을 사용하여 튀김옷을 만든다.

06 생선살은 170℃ 정도의 기름에서 두 번 바삭하게 튀겨 기름을 빼낸다.

07 달군 팬에 식용유를 두른 후 당근, 불린 목이버섯을 볶다가 진간장(1T), 설탕(4T), 식초(3T)를 넣고 물(1컵)을 넣어 끓어오르면 앙금녹말을 조금씩 넣어 소스를 만든다.

08 소스의 농도가 걸쭉해지면 오이, 완두콩, 파인애플, 튀겨낸 생선살을 넣어 버무린 후 완성접시에 담는다.

합격 Point

- ✅ 푸른색 채소는 식초를 넣으면 변색되므로 조리 최종단계에 넣어 색을 유지한다.

- ✅ 앙금녹말은 물이 끓기 전에 넣거나 한꺼번에 많은 양을 넣고 약불에서 조리하면 소스가 탁하고 윤기가 나지 않으므로 소스가 끓을 때 넣는다.

- ✅ 현장에서는 생선살에 소금, 후추로 밑간을 하고 튀긴 생선살을 완성접시에 보기 좋게 담고 소스를 끼얹어 내기도 한다.

# 경장 육사

 **30분**

## 요구사항

**주어진 재료를 사용하여 다음과 같이 경장 육사를 만드시오.**

❶ 돼지고기는 길이 5cm의 얇은 채로 썰고, 기름에 익혀 사용하시오.

❷ 춘장은 기름에 볶아서 사용하시오.

❸ 대파 채는 길이 5cm로 어슷하게 채 썰어 매운맛을 빼고 접시에 담으시오.

## 수험자 유의사항

❶ 만드는 순서에 유의하며, 위생과 숙련된 기능평가를 위하여 조리작업 시 맛을 보지 않습니다.

❷ 지정된 수험자지참준비물 이외의 조리기구나 재료를 시험장 내에 지참할 수 없습니다.

❸ 지급재료는 시험 전 확인하여 이상이 있을 경우 시험위원으로부터 조치를 받고 시험 중에는 재료의 교환 및 추가지급 은 하지 않습니다.

❹ 요구사항 및 지급재료의 규격은 "정도"의 의미를 포함하며, 재료의 크기에 따라 가감하여 채점됩니다.

❺ 위생복, 위생모, 앞치마, 마스크를 착용하여야 하며, 시험장비 · 조리기구 취급 등 안전에 유의합니다.

❻ 다음 사항은 실격에 해당하여 **채점 대상에서 제외**됩니다.

　가) 수험자 본인이 시험 도중 시험에 대한 포기 의사를 표현하는 경우

　나) 위생복, 위생모, 앞치마, 마스크를 착용하지 않은 경우

　다) 시험시간 내에 과제 두 가지를 제출하지 못한 경우

　라) 문제의 요구사항대로 과제의 수량이 만들어지지 않은 경우

　마) 완성품을 요구사항의 과제(요리)가 아닌 다른 요리(예, 달걀말이→달걀찜)로 만든 경우

　바) 불을 사용하여 만든 조리작품이 작품특성에 벗어나는 정도로 타거나 익지 않은 경우

　사) 해당과제의 지급재료 이외 재료를 사용하거나, 요구사항의 조리기구(석쇠 등)로 완성품을 조리하지 않은 경우

　아) 지정된 수험자지참준비물 이외의 조리기술에 영향을 줄 수 있는 기구를 사용한 경우

　자) 가스레인지 화구 2개 이상(2개 포함) 사용한 경우

　차) 시험 중 시설 · 장비(칼, 가스레인지 등) 사용 시 시험위원 및 타 수험자의 시험 진행에 위해를 일으킬 것으로 시험 위원 전원이 합의하여 판단한 경우

　카) 요구사항에 표시된 실격 및 부정행위에 해당하는 경우

❼ 항목별 배점은 위생상태 및 안전관리 5점, 조리기술 30점, 작품의 평가 15점입니다.

❽ 시험시작 전 가벼운 몸 풀기(스트레칭) 동작으로 긴장을 풀고 시험을 시작합니다.

| 재료 |

돼지등심(살코기) 150g, 죽순(통조림(whole), 고형분) 100g, 대파(흰 부분, 6cm) 3토막, 달걀 1개, 춘장 50g, 식용유 300mL, 흰 설탕 30g, 굴소스 30mL, 청주 30mL, 진간장 30mL, 녹말가루(감자전분) 50g, 참기름 5mL, 마늘(중, 깐 것) 1쪽, 생강 5g

| 경장 육사 만드는 법 |

01 대파는 길이 5cm 정도로 어슷하게 채썰어 물에 씻은 후 물에 담가 매운맛을 빼준 다음 물기를 제거하여 접시에 올린다.

02 돼지등심은 길이 5cm 정도로 가늘고 얇게 채썰어 청주, 간장으로 밑간을 하고 달걀과 녹말을 넣고 잘 버무려 뿌린 후 붙지 않도록 기름에 살짝 초벌로 익힌다.

03 죽순은 채썰어 데치고 대파와 마늘, 생강은 잘게 썰거나 편썬 뒤 채썰어준다.

04 팬에 식용유를 충분히 두르고 춘장을 볶아낸 후 기름을 덜어내고 대파, 마늘, 생강을 넣고 볶는다.

05 청주, 간장을 넣고 죽순채, 익힌 돼지등심, 고기채 그리고 굴소스, 진간장, 청주, 백설탕을 넣고 볶는다.

06 육수 또는 물을 넣고 끓으면 물녹말을 풀어서 참기름을 넣고 대파채 위에 올려 완성한다.

합격 Point

- ✓ 파채를 먼저 얇게 썰어 준비해서 찬물에 충분히 담가 휘어지도록 한다.

- ✓ 돼지고기채는 고기의 결을 따라 썰도록 한다.

**30분**

# 새우볶음밥

 요구사항

**주어진 재료를 사용하여 다음과 같이 새우볶음밥을 만드시오.**

❶ 새우는 내장을 제거하고 데쳐서 사용하시오.

❷ 채소는 0.5cm 크기의 주사위 모양으로 써시오.

❸ 부드럽게 볶은 달걀에 밥, 채소, 새우를 넣어 질지 않게 볶아 전량 제출하시오.

수험자 유의사항

❶ 만드는 순서에 유의하며, 위생과 숙련된 기능평가를 위하여 조리작업 시 맛을 보지 않습니다.

❷ 지정된 수험자지참준비물 이외의 조리기구나 재료를 시험장 내에 지참할 수 없습니다.

❸ 지급재료는 시험 전 확인하여 이상이 있을 경우 시험위원으로부터 조치를 받고 시험 중에는 재료의 교환 및 추가지급은 하지 않습니다.

❹ 요구사항 및 지급재료의 규격은 "정도"의 의미를 포함하며, 재료의 크기에 따라 가감하여 채점됩니다.

❺ 위생복, 위생모, 앞치마, 마스크를 착용하여야 하며, 시험장비 · 조리기구 취급 등 안전에 유의합니다.

❻ 다음 사항은 실격에 해당하여 **채점 대상에서 제외**됩니다.

　가) 수험자 본인이 시험 도중 시험에 대한 포기 의사를 표현하는 경우

　나) 위생복, 위생모, 앞치마, 마스크를 착용하지 않은 경우

　다) 시험시간 내에 과제 두 가지를 제출하지 못한 경우

　라) 문제의 요구사항대로 과제의 수량이 만들어지지 않은 경우

　마) 완성품을 요구사항의 과제(요리)가 아닌 다른 요리(예, 달걀말이→달걀찜)로 만든 경우

　바) 불을 사용하여 만든 조리작품이 작품특성에 벗어나는 정도로 타거나 익지 않은 경우

　사) 해당과제의 지급재료 이외 재료를 사용하거나, 요구사항의 조리기구(석쇠 등)로 완성품을 조리하지 않은 경우

　아) 지정된 수험자지참준비물 이외의 조리기술에 영향을 줄 수 있는 기구를 사용한 경우

　자) 가스레인지 화구 2개 이상(2개 포함) 사용한 경우

　차) 시험 중 시설 · 장비(칼, 가스레인지 등) 사용 시 시험위원 및 타 수험자의 시험 진행에 위해를 일으킬 것으로 시험위원 전원이 합의하여 판단한 경우

　카) 요구사항에 표시된 실격 및 부정행위에 해당하는 경우

❼ 항목별 배점은 위생상태 및 안전관리 5점, 조리기술 30점, 작품의 평가 15점입니다.

❽ 시험시작 전 가벼운 몸 풀기(스트레칭) 동작으로 긴장을 풀고 시험을 시작합니다.

| 재료 |

쌀(30분 정도 물에 불린 것) 150g, 작은 새우살 30g, 달걀 1개, 대파 (흰 부분, 6cm) 1토막, 당근 20g, 청피망(중, 75g) 1/3개, 식용유 50mL, 소금 5g, 흰 후춧가루 5g

| 새우볶음밥 만드는 법 |

01 재료를 씻어서 준비한다.

02 밥을 질지 않게 고슬고슬 지어 식힌다.

03 당근, 청피망은 0.5cm 정도 크기의 주사위 모양으로 썰고, 대 파는 잘게 썬다.

04 새우는 내장을 제거하고 끓는 물에 살짝 데쳐 물기를 제거 한다.

05 달걀은 젓가락으로 잘 풀어 체에 내린다.

06 달군 팬에 식용유를 두르고 달걀 푼 것을 넣은 후 타지 않게 부 드럽게 저어가며 볶는다.

07 재료가 잘 섞이면 소금으로 간을 하고 2~3분간 센 불에서 타 지 않게 볶아 완성한다.

08 완성그릇에 볶음밥을 보기 좋게 담는다.

**합격 Point**

- 밥은 되직하게 해야 볶을 때 잘 볶아진다.

- 모든 재료가 타지 않게 볶는다.

- 양파가 제공되면 0.5cm 정도의 크기로 잘라 사용한다.

**1**시간 **30**분

# 삼품냉채

**주어진 재료를 사용하여 다음과 같이 삼품냉채를 만드시오.**

❶ 새우는 편으로 썰고, 해파리에 염분이 없도록 하시오.

❷ 겨자소스와 마늘소스를 만들어 사용하시오.

❸ 당근으로 꽃모양을 만들어 장식하시오.

### 수험자 유의사항

❶ 조리산업기사로서 갖추어야 할 숙련도, 재료관리, 작품의 예술성을 나타내어야 합니다.

❷ 지정된 시설을 사용하고, 지급재료 및 지참공구목록 이외의 조리기구는 사용할 수 없으며, 지참공구목록에 없는 단순 조리기구(수저통 등) 지참 시 시험위원에게 확인 후 사용합니다.

❸ 지급재료는 1회에 한하여 지급되며 재지급은 하지 않습니다.(단, 수험자가 시험 시작 전 지급된 재료를 검수하여 재료가 불량하거나 양이 부족하다고 판단될 경우에는 즉시 시험위원에게 통보하여 교환 또는 추가지급을 받도록 합니다.)

❹ 요구사항의 규격은 "정도"의 의미를 포함하며, 지급된 재료의 크기에 따라 가감하여 채점됩니다.

❺ 위생복, 위생모, 앞치마, 마스크를 착용하여야 하며, 시험장비, 가스레인지(가스밸브 개폐기 사용), 조리도구 등을 사용할 때에는 안전사고 예방에 유의합니다.

❻ 다음 사항은 실격에 해당하여 **채점 대상에서 제외**됩니다.

　가) 수험자 본인이 시험 도중 시험에 대한 포기 의사를 표현하는 경우

　나) 위생복, 위생모, 앞치마, 마스크를 착용하지 않은 경우

　다) 시험시간 내에 과제를 모두 제출하지 못한 경우

　라) 문제의 요구사항대로 과제의 수량이 만들어지지 않은 경우

　마) 완성품을 요구사항의 과제(요리)가 아닌 다른 요리(예, 달걀말이→달걀찜)로 만들었거나, 요구사항에 없는 과제(요리)를 추가하여 만든 경우

　바) 불을 사용하여 만든 과제가 과제특성에 벗어나는 정도로 타거나 익지 않은 경우

　사) 요구사항의 조리기구(석쇠 등)를 사용하여 완성품을 조리하지 않은 경우

　아) 수험자지참준비물 이외 조리기술에 영향을 줄 수 있는 기구를 사용한 경우

　자) 시험 중 시설·장비(칼, 가스레인지 등) 사용 시 시험위원 및 타 수험자의 시험 진행에 위해를 일으킬 것으로 시험위원 전원이 합의하여 판단한 경우

　차) 요구사항에 표시된 실격 및 부정행위에 해당하는 경우

❼ 완료된 과제는 지정한 장소에 시험시간 내에 제출하여야 합니다.

❽ 가스레인지 화구는 2개까지 사용 가능합니다.

❾ 과제를 제출한 다음 본인이 조리한 장소의 주변을 깨끗이 청소하고 조리기구를 정리정돈한 후 시험위원의 지시에 따라 퇴실합니다.

❿ 시험시작 전 가벼운 몸 풀기(스트레칭) 동작으로 긴장을 풀고 시험을 시작합니다.

| 재료 |

중새우 4마리, 갑오징어 20g, 건해삼(불린 것) 1개, 오이 50g, 해파리 100g, 마늘 3쪽, 겨잣가루 15g, 식초 4T, 설탕 4T, 소금 10g, 물 1T, 참기름 약간

겨자소스  숙성된 겨자 1T, 설탕 3T, 식초 3T, 소금 1/2t

마늘소스  마늘 1t, 식초 1T, 설탕 1/2T, 소금 1/4t, 참기름 적당량


| 삼품냉채 만드는 법 |

01  물과 겨잣가루는 동량으로 넣고 개어서 끓는 냄비 위에 엎어 숙성시킨 뒤 설탕, 식초, 소금을 넣어 겨자소스
    를 만든다.

02  새우는 등에서 내장을 제거한 후 끓는 물에 삶아 껍질을 벗겨 반으로 편썰어 놓는다.

03  건해삼 불린 것은 4x1cm로 썰어 준비하고 해파리는 소금기를 헹군 후 끓는 물에 살짝 데쳐 식초물에 담가
    둔다.

04  갑오징어는 가로 4cm 크기로 자른 다음 세로방향으로 길게 칼집을 넣은 후 가로방향으로 얇은 칼집을 넣고
    두 번째 칼집에서 2cm 크기로 잘라 끓는 물에 데친다.

05  준비된 재료의 해파리는 마늘소스에, 나머지는 겨자소스로 버무려 참기름으로 마무리한다.

## 합격 Point

- ✓ 모든 재료는 꼼꼼하게 손질하여 소스와 함께 차갑게 낸다.

- ✓ 마늘소스와 겨자소스를 만들어 낸다.

- ✓ 갑오징어는 칼집을 비스듬하고 촘촘하게 낸다.

- ✓ 빠른 시간 안에 데쳐 차게 식힌다.

삼품냉채(三品冷菜)

## 광둥식 탕수육(古老肉)

물만두(水餃子)

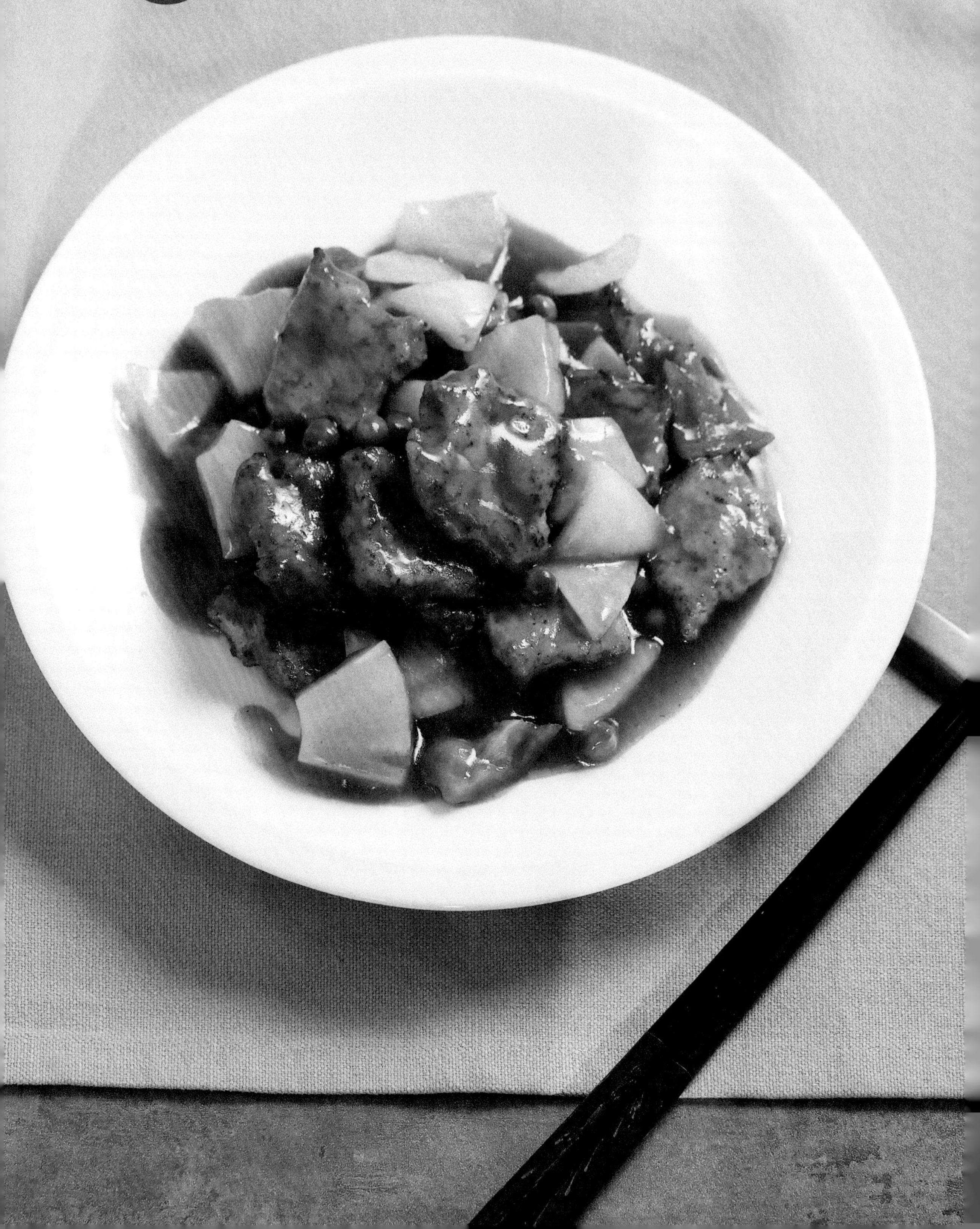

# 광둥식 탕수육

**1**시간 **30**분

요구사항

**주어진 재료를 사용하여 다음과 같이** 광둥식 탕수육을 **만드시오.**

❶ 돼지고기는 칼집을 넣어 부드럽게 하시오.

❷ 돼지고기는 3cm×3cm×1cm 정도의 크기로 썰어 사용하시오.

❸ 채소는 한쪽 길이가 3cm 정도가 되도록 삼각모양으로 썰어 사용하시오.

수험자 유의사항

❶ 조리산업기사로서 갖추어야 할 숙련도, 재료관리, 작품의 예술성을 나타내어야 합니다.

❷ 지정된 시설을 사용하고, 지급재료 및 지참공구목록 이외의 조리기구는 사용할 수 없으며, 지참공구목록에 없는 단순 조리기구(수저통 등) 지참 시 시험위원에게 확인 후 사용합니다.

❸ 지급재료는 1회에 한하여 지급되며 재지급은 하지 않습니다.(단, 수험자가 시험 시작 전 지급된 재료를 검수하여 재료가 불량하거나 양이 부족하다고 판단될 경우에는 즉시 시험위원에게 통보하여 교환 또는 추가지급을 받도록 합니다.)

❹ 요구사항의 규격은"정도"의 의미를 포함하며, 지급된 재료의 크기에 따라 가감하여 채점됩니다.

❺ 위생복, 위생모, 앞치마, 마스크를 착용하여야 하며, 시험장비, 가스레인지(가스밸브 개폐기 사용), 조리도구 등을 사용할 때에는 안전사고 예방에 유의합니다.

❻ 다음 사항은 실격에 해당하여 **채점 대상에서 제외**됩니다.

　가) 수험자 본인이 시험 도중 시험에 대한 포기 의사를 표현하는 경우

　나) 위생복, 위생모, 앞치마, 마스크를 착용하지 않은 경우

　다) 시험시간 내에 과제를 모두 제출하지 못한 경우

　라) 문제의 요구사항대로 과제의 수량이 만들어지지 않은 경우

　마) 완성품을 요구사항의 과제(요리)가 아닌 다른 요리(예, 달걀말이→달걀찜)로 만들었거나, 요구사항에 없는 과제(요리)를 추가하여 만든 경우

　바) 불을 사용하여 만든 과제가 과제특성에 벗어나는 정도로 타거나 익지 않은 경우

　사) 요구사항의 조리기구(석쇠 등)를 사용하여 완성품을 조리하지 않은 경우

　아) 수험자지참준비물 이외 조리기술에 영향을 줄 수 있는 기구를 사용한 경우

　자) 시험 중 시설·장비(칼, 가스레인지 등) 사용 시 시험위원 및 타 수험자의 시험 진행에 위해를 일으킬 것으로 시험위원 전원이 합의하여 판단한 경우

　차) 요구사항에 표시된 실격 및 부정행위에 해당하는 경우

❼ 완료된 과제는 지정한 장소에 시험시간 내에 제출하여야 합니다.

❽ 가스레인지 화구는 2개까지 사용 가능합니다.

❾ 과제를 제출한 다음 본인이 조리한 장소의 주변을 깨끗이 청소하고 조리기구를 정리정돈한 후 시험위원의 지시에 따라 퇴실합니다.

❿ 시험시작 전 가벼운 몸 풀기(스트레칭) 동작으로 긴장을 풀고 시험을 시작합니다.

| 재료 |

돼지등심 150g, 청피망 1개, 양파 1/4개, 파인애플 2쪽, 완두콩 10g, 달걀 1개, 생강 10g, 대파 흰 부분 6cm, 녹말 1/2컵, 청주 2T, 간장 1t, 토마토케첩 5T, 설탕 3T, 식초 1T, 육수 2/3컵, 튀김기름 적당량, 소금 1/4t

| 광둥식 탕수육 만드는 법 |

01 대파는 3cm 크기의 삼각모양으로 썰고 마늘, 생강은 반은 편을 썰고 반은 즙을 낸다.

02 돼지고기는 칼등으로 두들겨 가로 4×1×1cm 크기로 썰어서 간장, 청주, 생강즙, 후추로 밑간한 다음 달걀 흰자와 물전분을 넣어 반죽한다.

03 양파, 청피망, 파인애플은 삼각모양으로 썬다.

04 팬에 기름을 두르고 마늘, 생강, 대파를 볶다가 간장, 청주를 넣어 볶는다.

05 양파, 파인애플, 물 1/2컵, 케첩 5T, 설탕 3T, 식초 2T를 넣고 끓으면 앙금녹말을 풀고 청피망, 완두콩, 돼지고기 튀긴 것을 넣어 참기름으로 마무리한다.

합격 **Point**

✓ 돼지고기는 칼집을 넣고 두드려 밑간한 뒤 부드럽게 한다.

✓ 탕수육소스 농도에 유의하고 케첩을 넣어 색을 맞추도록 한다.

**1**시간 **30**분

# 물만두

요구사항

**주어진 재료를 사용하여 다음과 같이 물만두를 만드시오.**

❶ 만두피는 찬물을 넣어 반죽하시오.

❷ 만두피의 크기는 직경 6cm 정도로 하시오.

❸ 만두는 8개 만드시오.

### 수험자 유의사항

❶ 조리산업기사로서 갖추어야 할 숙련도, 재료관리, 작품의 예술성을 나타내어야 합니다.

❷ 지정된 시설을 사용하고, 지급재료 및 지참공구목록 이외의 조리기구는 사용할 수 없으며, 지참공구목록에 없는 단순 조리기구(수저통 등) 지참 시 시험위원에게 확인 후 사용합니다.

❸ 지급재료는 1회에 한하여 지급되며 재지급은 하지 않습니다.(단, 수험자가 시험 시작 전 지급된 재료를 검수하여 재료가 불량하거나 양이 부족하다고 판단될 경우에는 즉시 시험위원에게 통보하여 교환 또는 추가지급을 받도록 합니다.)

❹ 요구사항의 규격은 "정도"의 의미를 포함하며, 지급된 재료의 크기에 따라 가감하여 채점됩니다.

❺ 위생복, 위생모, 앞치마, 마스크를 착용하여야 하며, 시험장비, 가스레인지(가스밸브 개폐기 사용), 조리도구 등을 사용할 때에는 안전사고 예방에 유의합니다.

❻ 다음 사항은 실격에 해당하여 **채점 대상에서 제외**됩니다.

　가) 수험자 본인이 시험 도중 시험에 대한 포기 의사를 표현하는 경우

　나) 위생복, 위생모, 앞치마, 마스크를 착용하지 않은 경우

　다) 시험시간 내에 과제를 모두 제출하지 못한 경우

　라) 문제의 요구사항대로 과제의 수량이 만들어지지 않은 경우

　마) 완성품을 요구사항의 과제(요리)가 아닌 다른 요리(예, 달걀말이→달걀찜)로 만들었거나, 요구사항에 없는 과제(요리)를 추가하여 만든 경우

　바) 불을 사용하여 만든 과제가 과제특성에 벗어나는 정도로 타거나 익지 않은 경우

　사) 요구사항의 조리기구(석쇠 등)를 사용하여 완성품을 조리하지 않은 경우

　아) 수험자지참준비물 이외 조리기술에 영향을 줄 수 있는 기구를 사용한 경우

　자) 시험 중 시설ㆍ장비(칼, 가스레인지 등) 사용 시 시험위원 및 타 수험자의 시험 진행에 위해를 일으킬 것으로 시험위원 전원이 합의하여 판단한 경우

　차) 요구사항에 표시된 실격 및 부정행위에 해당하는 경우

❼ 완료된 과제는 지정한 장소에 시험시간 내에 제출하여야 합니다.

❽ 가스레인지 화구는 2개까지 사용 가능합니다.

❾ 과제를 제출한 다음 본인이 조리한 장소의 주변을 깨끗이 청소하고 조리기구를 정리정돈한 후 시험위원의 지시에 따라 퇴실합니다.

❿ 시험시작 전 가벼운 몸 풀기(스트레칭) 동작으로 긴장을 풀고 시험을 시작합니다.

| 재료 |

밀가루 1/2C, 돼지고기 30g, 부추 30g, 파 10g, 생강 5g, 후추 · 참기름 · 소금 · 청주 · 육수 약간

| 물만두 만드는 법 |

01  밀가루는 반 컵을 체에 내려 부드럽게 해서 찬물 4T 정도를 넣고 반죽하여 대추 한 알 크기로 잘라 젖은 면 포로 덮어둔다.

02  돼지고기는 곱게 다지고 부추는 0.5cm로 송송 썬다.

03  돼지고기에 다진 파, 생강즙, 청주, 소금, 후추, 부추, 참기름을 넣고 고루 섞어 소를 만든다.

04  반죽한 밀가루를 밀대로 밀어서 직경이 6cm 크기로 얇게 민다.

05  만두피의 중심에 소를 1T 정도 놓고 접합부분의 가운데를 눌러 붙인 다음 양 가장자리를 두 손으로 꾹 눌 러 붙여준다.

06  물 2C이 끓으면 만두를 넣어 삶은 다음 그릇에 담고 국물을 부어낸다.

Tip
• 만두 속에 돼지고기 대신 새우살, 표고버섯 등을 써도 좋다.

합격 Point

⊘ 만두피가 얇으므로 속은 많이 넣지 않는다.

⊘ 물만두 1인분은 10~15개로 만들고 요구사항에서 요구하는 정확한 개
수를 확인한다.

⊘ 만두피를 반죽할 때 익반죽하기도 하고 찬물에 반죽하기도 하므로 이 역
시도 감독관의 요구사항에 따라야 한다.

⊘ 만두 빚은 모양은 규정된 것이 없으므로 한가지 모양으로 예쁘게 빚어
준다.

**1**시간 **30**분

# 산라탕

**주어진 재료를 사용하여 다음과 같이 산라탕을 만드시오.**

❶ 재료는 길이 5cm 정도의 가는 채로 썰어 사용하시오.

❷ 산라탕의 맛과 농도를 잘 맞추시오.

### 수험자 유의사항

❶ 조리산업기사로서 갖추어야 할 숙련도, 재료관리, 작품의 예술성을 나타내어야 합니다.

❷ 지정된 시설을 사용하고, 지급재료 및 지참공구목록 이외의 조리기구는 사용할 수 없으며, 지참공구목록에 없는 단순 조리기구(수저통 등) 지참 시 시험위원에게 확인 후 사용합니다.

❸ 지급재료는 1회에 한하여 지급되며 재지급은 하지 않습니다.(단, 수험자가 시험 시작 전 지급된 재료를 검수하여 재료가 불량하거나 양이 부족하다고 판단될 경우에는 즉시 시험위원에게 통보하여 교환 또는 추가지급을 받도록 합니다.)

❹ 요구사항의 규격은"정도"의 의미를 포함하며, 지급된 재료의 크기에 따라 가감하여 채점됩니다.

❺ 위생복, 위생모, 앞치마, 마스크를 착용하여야 하며, 시험장비, 가스레인지(가스밸브 개폐기 사용), 조리도구 등을 사용할 때에는 안전사고 예방에 유의합니다.

❻ 다음 사항은 실격에 해당하여 **채점 대상에서 제외**됩니다.

　가) 수험자 본인이 시험 도중 시험에 대한 포기 의사를 표현하는 경우

　나) 위생복, 위생모, 앞치마, 마스크를 착용하지 않은 경우

　다) 시험시간 내에 과제를 모두 제출하지 못한 경우

　라) 문제의 요구사항대로 과제의 수량이 만들어지지 않은 경우

　마) 완성품을 요구사항의 과제(요리)가 아닌 다른 요리(예, 달걀말이→달걀찜)로 만들었거나, 요구사항에 없는 과제(요리)를 추가하여 만든 경우

　바) 불을 사용하여 만든 과제가 과제특성에 벗어나는 정도로 타거나 익지 않은 경우

　사) 요구사항의 조리기구(석쇠 등)를 사용하여 완성품을 조리하지 않은 경우

　아) 수험자지참준비물 이외 조리기술에 영향을 줄 수 있는 기구를 사용한 경우

　자) 시험 중 시설 · 장비(칼, 가스레인지 등) 사용 시 시험위원 및 타 수험자의 시험 진행에 위해를 일으킬 것으로 시험위원 전원이 합의하여 판단한 경우

　차) 요구사항에 표시된 실격 및 부정행위에 해당하는 경우

❼ 완료된 과제는 지정한 장소에 시험시간 내에 제출하여야 합니다.

❽ 가스레인지 화구는 2개까지 사용 가능합니다.

❾ 과제를 제출한 다음 본인이 조리한 장소의 주변을 깨끗이 청소하고 조리기구를 정리정돈한 후 시험위원의 지시에 따라 퇴실합니다.

❿ 시험시작 전 가벼운 몸 풀기(스트레칭) 동작으로 긴장을 풀고 시험을 시작합니다.

| 재료 |

소고기 50g, 건해삼(불린 것) 1개, 새우 50g, 건표고버섯(지름 5cm 정도, 물에 불린 것) 2개, 팽이버섯 10g, 죽순 통조림 (whole) 고형분 30g, 두부 50g, 달걀 1개, 대파 흰 부분(6cm 정도) 1/2토막, 마늘 중(깐 것) 2쪽, 생강 5g, 청주 15mL, 간장 15mL, 식초 15mL, 녹말가루 15g, 참기름 3mL, 소금 5g, 후춧가루 2g, 육수(물) 300mL

앙금녹말 물 1T, 녹말가루 1T

| 산라탕 만드는 법 |

01 두부는 0.3×0.3×5cm 길이로 채썰고, 소고기, 표고버섯은 얇게 저며 5cm 길이로 가늘게 채썬다.

02 건해삼은 반을 갈라 깨끗이 씻어 5cm 길이로 채썰고, 새우는 내장, 껍질을 제거한다.

03 달걀은 젓가락으로 저어 풀어주고, 대파, 마늘, 생강은 곱게 채썬다.

04 죽순은 씻어서 석회질을 제거한 후 얇게 채썰어 끓는 물에 데친다.

05 팽이버섯은 뿌리를 잘라 헹구듯 살짝 씻어서 물기를 뺀 다음 5cm 길이로 썬다.

06 냄비에 육수(2컵), 대파, 마늘, 생강채를 넣어 끓이다가 소고기, 해삼, 새우, 죽순, 표고버섯, 팽이버섯, 두부 순으로 넣고 청주, 간장, 소금, 후춧가루, 식초로 간을 한다.

07 6의 탕이 끓으면 앙금녹말을 흘리듯 넣어 걸쭉하게 만든 후 불을 중불로 줄여 풀어 놓은 달걀을 넣고 젓가락 으로 서서히 저어준 다음 참기름 한 방울을 넣어 담는다.

합격 Point

⊘ 모든 재료의 크기를 균일하게 한다.

⊘ 탕의 농도를 맞추어 낸다.

**1**시간 **30**분

# 양장피 잡채

 요구사항

**주어진 재료를 사용하여 다음과 같이 양장피 잡채를 만드시오.**

❶ 양장피는 사방 4cm 정도로 하시오.

❷ 고기와 채소는 5cm 정도 길이의 채를 써시오.

❸ 볶은 재료와 볶지 않는 재료의 구분에 유의하여 담아내시오.

❹ 겨자는 숙성시켜 사용하시오.

 수험자 유의사항

❶ 조리산업기사로서 갖추어야 할 숙련도, 재료관리, 작품의 예술성을 나타내어야 합니다.

❷ 지정된 시설을 사용하고, 지급재료 및 지참공구목록 이외의 조리기구는 사용할 수 없으며, 지참공구목록에 없는 단순 조리기구(수저통 등) 지참 시 시험위원에게 확인 후 사용합니다.

❸ 지급재료는 1회에 한하여 지급되며 재지급은 하지 않습니다.(단, 수험자가 시험 시작 전 지급된 재료를 검수하여 재료가 불량하거나 양이 부족하다고 판단될 경우에는 즉시 시험위원에게 통보하여 교환 또는 추가지급을 받도록 합니다.)

❹ 요구사항의 규격은"정도"의 의미를 포함하며, 지급된 재료의 크기에 따라 가감하여 채점됩니다.

❺ 위생복, 위생모, 앞치마, 마스크를 착용하여야 하며, 시험장비, 가스레인지(가스밸브 개폐기 사용), 조리도구 등을 사용할 때에는 안전사고 예방에 유의합니다.

❻ 다음 사항은 실격에 해당하여 **채점 대상에서 제외**됩니다.

　가) 수험자 본인이 시험 도중 시험에 대한 포기 의사를 표현하는 경우

　나) 위생복, 위생모, 앞치마, 마스크를 착용하지 않은 경우

　다) 시험시간 내에 과제를 모두 제출하지 못한 경우

　라) 문제의 요구사항대로 과제의 수량이 만들어지지 않은 경우

　마) 완성품을 요구사항의 과제(요리)가 아닌 다른 요리(예, 달걀말이→달걀찜)로 만들었거나, 요구사항에 없는 과제(요리)를 추가하여 만든 경우

　바) 불을 사용하여 만든 과제가 과제특성에 벗어나는 정도로 타거나 익지 않은 경우

　사) 요구사항의 조리기구(석쇠 등)를 사용하여 완성품을 조리하지 않은 경우

　아) 수험자지참준비물 이외 조리기술에 영향을 줄 수 있는 기구를 사용한 경우

　자) 시험 중 시설·장비(칼, 가스레인지 등) 사용 시 시험위원 및 타 수험자의 시험 진행에 위해를 일으킬 것으로 시험위원 전원이 합의하여 판단한 경우

　차) 요구사항에 표시된 실격 및 부정행위에 해당하는 경우

❼ 완료된 과제는 지정한 장소에 시험시간 내에 제출하여야 합니다.

❽ 가스레인지 화구는 2개까지 사용 가능합니다.

❾ 과제를 제출한 다음 본인이 조리한 장소의 주변을 깨끗이 청소하고 조리기구를 정리정돈한 후 시험위원의 지시에 따라 퇴실합니다.

❿ 시험시작 전 가벼운 몸 풀기(스트레칭) 동작으로 긴장을 풀고 시험을 시작합니다.

| 재료 |

주재료 양장피 1장, 돼지고기 30g, 갑오징어 1/2마리, 오이 50g, 당근 40g, 양파 30g, 새우 2마리, 해삼 50g, 달걀 2개, 생강 10g, 대파 10g, 표고버섯 10g, 부추 30g, 간장 1t, 참기름 1t, 식초 1T, 설탕 3T, 식용유 1T, 녹말 1T, 후추 약간, 소금 1t

겨자소스 발효겨자 1t, 식초 1T, 설탕 1T, 소금 약간, 육수 1T, 간장 · 참기름 약간

| 양장피 잡채 만드는 법 |

01  겨자는 40℃의 물로 익반죽한 후 발효시켜 식초, 육수, 설탕, 소금, 참기름, 간장으로 소스를 만들어 놓는다.

02  양장피는 물에 불려서 부드러워지면 끓는 물에 데쳐 찬물에 헹군 뒤 사방 4cm 정도로 뜯어 놓고 간장, 설탕, 참기름을 넣고 버무려준다.

03  돼지고기는 5cm 길이로 채썰어 달걀흰자, 청주, 소금, 후추, 녹말가루로 밑간한다.

04  부추는 5cm 길이로 자르고 파, 생강은 채썬다.

05  오이는 돌려깎아 5cm 길이로 채썰고 당근, 양파도 같은 길이로 채썬다.

06  표고버섯도 손질하여 채썰어둔다.

07  새우는 내장을 빼고 삶아서 껍질을 벗겨 정리해 준다.

08  해삼은 물에 불려 내장을 제거하고 5cm로 채썬다.

09  갑오징어는 안쪽에 칼집을 넣어 채썬 뒤 가운데 칼집을 넣어 펴면 나뭇잎 모양이 만들어지는데 이것을 끓는 물에 넣어 데친다.

10  달걀은 황 · 백으로 나누어 소금을 약간 넣고 풀어 지단을 부쳐 채썬다.

11  팬에 기름을 두르고 뜨거워지면 파, 생강을 볶다가 돼지고기, 양파, 표고, 부추를 넣고 살짝 볶아 소금, 후추, 조미료로 간을 하고 마지막에 참기름을 두른다.

12  접시의 가장자리에 색깔을 맞추어 채소와 해산물을 가지런히 돌려 담고 가운데 양념한 양장피를 두르고 부추와 볶은 재료들을 넣은 후 겨자소스를 끼얹는다.

Tip

●  조리의 여러 과정을 거치므로 고급요리에 속한다.

합격 Point

✓ 양장피 잡채는 시간이 오래 걸리므로 시간 안배를 잘해야 한다.

✓ 양장피는 오래 담가두거나 오래 삶으면 곤죽이 되므로 삶았을 때는 참기름에 무쳐 놓아야 서로 달라붙지 않는다.

✓ 새우는 꼬치에 끼워서 삶으면 모양을 유지할 수 있고, 껍질을 벗겨 머리쪽을 안쪽으로 놓는다.

✓ 모든 재료는 크기와 모양을 일정하게 채썬다.

✓ 오이는 돌려깎기하여 겉과 속을 채썰어 사용한다.

✓ 겨자는 40℃ 이상의 따뜻한 물에 개어 따뜻한 곳에 두어 발효시켜야 쓴맛이 준다.

**1**시간 **30**분

# 빠스사과

**주어진 재료를 사용하여 다음과 같이 빠스사과를 만드시오.**

❶ 사과는 폭 3cm 정도 크기로 다각형으로 잘라 사용하시오.

❷ 빠스사과는 8개 만드시오.

### 수험자 유의사항

❶ 조리산업기사로서 갖추어야 할 숙련도, 재료관리, 작품의 예술성을 나타내어야 합니다.

❷ 지정된 시설을 사용하고, 지급재료 및 지참공구목록 이외의 조리기구는 사용할 수 없으며, 지참공구목록에 없는 단순 조리기구(수저통 등) 지참 시 시험위원에게 확인 후 사용합니다.

❸ 지급재료는 1회에 한하여 지급되며 재지급은 하지 않습니다.(단, 수험자가 시험 시작 전 지급된 재료를 검수하여 재료가 불량하거나 양이 부족하다고 판단될 경우에는 즉시 시험위원에게 통보하여 교환 또는 추가지급을 받도록 합니다.)

❹ 요구사항의 규격은 "정도"의 의미를 포함하며, 지급된 재료의 크기에 따라 가감하여 채점됩니다.

❺ 위생복, 위생모, 앞치마, 마스크를 착용하여야 하며, 시험장비, 가스레인지(가스밸브 개폐기 사용), 조리도구 등을 사용할 때에는 안전사고 예방에 유의합니다.

❻ 다음 사항은 실격에 해당하여 **채점 대상에서 제외**됩니다.

　가) 수험자 본인이 시험 도중 시험에 대한 포기 의사를 표현하는 경우

　나) 위생복, 위생모, 앞치마, 마스크를 착용하지 않은 경우

　다) 시험시간 내에 과제를 모두 제출하지 못한 경우

　라) 문제의 요구사항대로 과제의 수량이 만들어지지 않은 경우

　마) 완성품을 요구사항의 과제(요리)가 아닌 다른 요리(예, 달걀말이→달걀찜)로 만들었거나, 요구사항에 없는 과제(요리)를 추가하여 만든 경우

　바) 불을 사용하여 만든 과제가 과제특성에 벗어나는 정도로 타거나 익지 않은 경우

　사) 요구사항의 조리기구(석쇠 등)를 사용하여 완성품을 조리하지 않은 경우

　아) 수험자지참준비물 이외 조리기술에 영향을 줄 수 있는 기구를 사용한 경우

　자) 시험 중 시설·장비(칼, 가스레인지 등) 사용 시 시험위원 및 타 수험자의 시험 진행에 위해를 일으킬 것으로 시험위원 전원이 합의하여 판단한 경우

　차) 요구사항에 표시된 실격 및 부정행위에 해당하는 경우

❼ 완료된 과제는 지정한 장소에 시험시간 내에 제출하여야 합니다.

❽ 가스레인지 화구는 2개까지 사용 가능합니다.

❾ 과제를 제출한 다음 본인이 조리한 장소의 주변을 깨끗이 청소하고 조리기구를 정리정돈한 후 시험위원의 지시에 따라 퇴실합니다.

❿ 시험시작 전 가벼운 몸 풀기(스트레칭) 동작으로 긴장을 풀고 시험을 시작합니다.

| 재료 |

사과 1개, 달걀 1개, 설탕 90g, 밀가루 300g, 식용유 1000mL, 물 200mL

| 빠스사과 만드는 법 |

01  사과는 껍질을 벗겨 반으로 잘라 씨부분은 도려내고 사방 3cm 크기의 다각형으로 썰어 설탕물에 담근다.

02  밀가루에 풀어놓은 달걀을 섞어 튀김옷을 만든다.

03  사과는 물기를 제거한 다음 밀가루를 얇게 묻히고 2의 튀김옷에 묻혀 170℃ 온도의 기름에 튀겨 튀김옷이 익으면 건진다.

04  팬에 기름 1T를 두르고 설탕 3T를 넣어 저어가며 녹여서 갈색이 나는 설탕시럽을 만든다.

05  설탕시럽에 튀긴 사과를 넣고 재빨리 버무린 후 기름 바른 접시 위에 하나씩 꺼내어 사과가 달라붙지 않게 담는다.

## 합격 Point

- 튀김반죽이 뭉치지 않도록 주의한다.

- 시럽의 불조절을 잘한다.

- 사과크기를 일정하게 한다.

**1**시간 **30**분

# 쇼마이

 요구사항

**주어진 재료를 사용하여 다음과 같이 쇼마이를 만드시오.**

❶ 익반죽으로 하시오.

❷ 지름 3cm×높이 4cm 정도의 크기로 만들고, 쇼마이 중앙에 다진 당근을 올려 8개를 만드시오.

❸ 찜통에 속이 익도록 쪄내시오.

수험자 유의사항

❶ 조리산업기사로서 갖추어야 할 숙련도, 재료관리, 작품의 예술성을 나타내어야 합니다.

❷ 지정된 시설을 사용하고, 지급재료 및 지참공구목록 이외의 조리기구는 사용할 수 없으며, 지참공구목록에 없는 단순 조리기구(수저통 등) 지참 시 시험위원에게 확인 후 사용합니다.

❸ 지급재료는 1회에 한하여 지급되며 재지급은 하지 않습니다.(단, 수험자가 시험 시작 전 지급된 재료를 검수하여 재료가 불량하거나 양이 부족하다고 판단될 경우에는 즉시 시험위원에게 통보하여 교환 또는 추가지급을 받도록 합니다.)

❹ 요구사항의 규격은"정도"의 의미를 포함하며, 지급된 재료의 크기에 따라 가감하여 채점됩니다.

❺ 위생복, 위생모, 앞치마, 마스크를 착용하여야 하며, 시험장비, 가스레인지(가스밸브 개폐기 사용), 조리도구 등을 사용할 때에는 안전사고 예방에 유의합니다.

❻ 다음 사항은 실격에 해당하여 **채점 대상에서 제외**됩니다.

　가) 수험자 본인이 시험 도중 시험에 대한 포기 의사를 표현하는 경우

　나) 위생복, 위생모, 앞치마, 마스크를 착용하지 않은 경우

　다) 시험시간 내에 과제를 모두 제출하지 못한 경우

　라) 문제의 요구사항대로 과제의 수량이 만들어지지 않은 경우

　마) 완성품을 요구사항의 과제(요리)가 아닌 다른 요리(예, 달걀말이→달걀찜)로 만들었거나, 요구사항에 없는 과제(요리)를 추가하여 만든 경우

　바) 불을 사용하여 만든 과제가 과제특성에 벗어나는 정도로 타거나 익지 않은 경우

　사) 요구사항의 조리기구(석쇠 등)를 사용하여 완성품을 조리하지 않은 경우

　아) 수험자지참준비물 이외 조리기술에 영향을 줄 수 있는 기구를 사용한 경우

　자) 시험 중 시설·장비(칼, 가스레인지 등) 사용 시 시험위원 및 타 수험자의 시험 진행에 위해를 일으킬 것으로 시험위원 전원이 합의하여 판단한 경우

　차) 요구사항에 표시된 실격 및 부정행위에 해당하는 경우

❼ 완료된 과제는 지정한 장소에 시험시간 내에 제출하여야 합니다.

❽ 가스레인지 화구는 2개까지 사용 가능합니다.

❾ 과제를 제출한 다음 본인이 조리한 장소의 주변을 깨끗이 청소하고 조리기구를 정리정돈한 후 시험위원의 지시에 따라 퇴실합니다.

❿ 시험시작 전 가벼운 몸 풀기(스트레칭) 동작으로 긴장을 풀고 시험을 시작합니다.

| 재료 |

돼지고기 150g, 밀가루 150g, 당근 20g, 부추 30g, 생강 10g, 소금 5g, 청주 20mL, 후추 1g, 간장 20mL

| 쇼마이 만드는 법 |

01 밀가루1컵을 소금에 넣고 체에 내린 뒤 따끈한 물 5T을 넣어 익반죽을 한다.

02 대파, 생강, 돼지고기를 다진 뒤 부추, 소금, 청주, 후추를 넣고 버무린다.

03 당근은 다져서 준비한다.

04 밀가루 반죽을 둥글게 떼어 직경 8cm로 밀어서 준비한다.

05 소를 3cm로 완자를 빚어 준비한다.

06 만두피에 소를 넣고 쇼마이를 빚고 그위에 당근 다진 것을 올린다.

07 김이 오른 찜통에 넣고 15분간 쪄낸다.

**합격 Point**

⊘ 밀가루를 익반죽하여 반죽의 농도를 잘 맞춘다.

⊘ 소를 너무 질지 않도록 잘 치댄다.

⊘ 소와 반죽을 잘 빚어 크기를 맞춘다.

⊘ 찜기에 쇼마이를 너무 무르지 않도록 찐다.

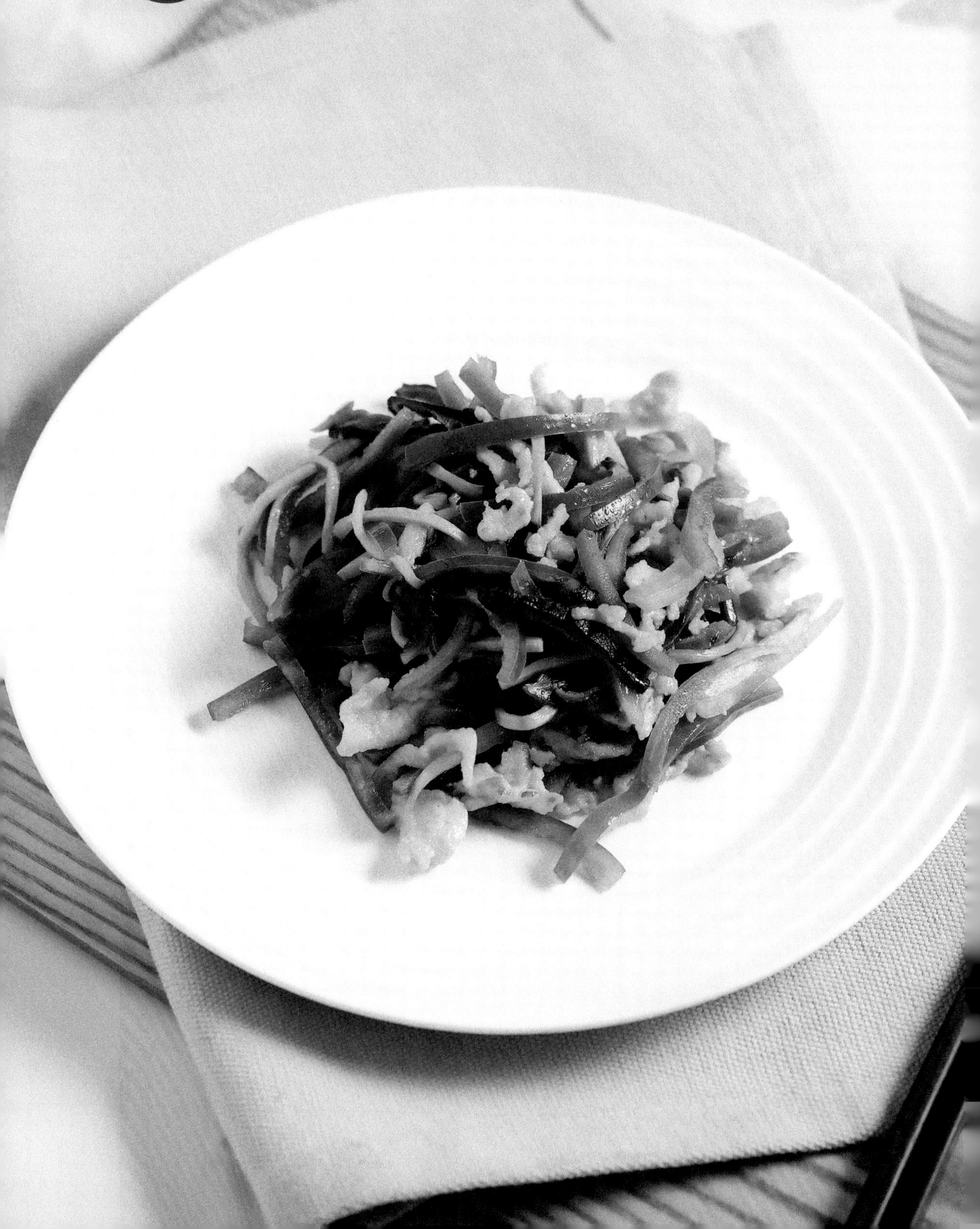

# 피망돼지고기볶음

 **1**시간 **30**분

 요구사항

**주어진 재료를 사용하여 다음과 같이 피망돼지고기볶음을 만드시오.**

❶ 피망과 고기는 5cm 정도의 채로 써시오.

❷ 고기는 밑간을 하여 기름에 살짝 익혀 사용하시오.

### 수험자 유의사항

❶ 조리산업기사로서 갖추어야 할 숙련도, 재료관리, 작품의 예술성을 나타내어야 합니다.

❷ 지정된 시설을 사용하고, 지급재료 및 지참공구목록 이외의 조리기구는 사용할 수 없으며, 지참공구목록에 없는 단순 조리기구(수저통 등) 지참 시 시험위원에게 확인 후 사용합니다.

❸ 지급재료는 1회에 한하여 지급되며 재지급은 하지 않습니다.(단, 수험자가 시험 시작 전 지급된 재료를 검수하여 재료가 불량하거나 양이 부족하다고 판단될 경우에는 즉시 시험위원에게 통보하여 교환 또는 추가지급을 받도록 합니다.)

❹ 요구사항의 규격은 "정도"의 의미를 포함하며, 지급된 재료의 크기에 따라 가감하여 채점됩니다.

❺ 위생복, 위생모, 앞치마, 마스크를 착용하여야 하며, 시험장비, 가스레인지(가스밸브 개폐기 사용), 조리도구 등을 사용할 때에는 안전사고 예방에 유의합니다.

❻ 다음 사항은 실격에 해당하여 **채점 대상에서 제외**됩니다.

　가) 수험자 본인이 시험 도중 시험에 대한 포기 의사를 표현하는 경우

　나) 위생복, 위생모, 앞치마, 마스크를 착용하지 않은 경우

　다) 시험시간 내에 과제를 모두 제출하지 못한 경우

　라) 문제의 요구사항대로 과제의 수량이 만들어지지 않은 경우

　마) 완성품을 요구사항의 과제(요리)가 아닌 다른 요리(예, 달걀말이→달걀찜)로 만들었거나, 요구사항에 없는 과제(요리)를 추가하여 만든 경우

　바) 불을 사용하여 만든 과제가 과제특성에 벗어나는 정도로 타거나 익지 않은 경우

　사) 요구사항의 조리기구(석쇠 등)를 사용하여 완성품을 조리하지 않은 경우

　아) 수험자지참준비물 이외 조리기술에 영향을 줄 수 있는 기구를 사용한 경우

　자) 시험 중 시설·장비(칼, 가스레인지 등) 사용 시 시험위원 및 타 수험자의 시험 진행에 위해를 일으킬 것으로 시험위원 전원이 합의하여 판단한 경우

　차) 요구사항에 표시된 실격 및 부정행위에 해당하는 경우

❼ 완료된 과제는 지정한 장소에 시험시간 내에 제출하여야 합니다.

❽ 가스레인지 화구는 2개까지 사용 가능합니다.

❾ 과제를 제출한 다음 본인이 조리한 장소의 주변을 깨끗이 청소하고 조리기구를 정리정돈한 후 시험위원의 지시에 따라 퇴실합니다.

❿ 시험시작 전 가벼운 몸 풀기(스트레칭) 동작으로 긴장을 풀고 시험을 시작합니다.

| 재료 |

풋고추(피망) 100g, 돼지고기 50g, 대파 10g, 죽순 10g, 표고 10g, 양파 10g, 마늘 3쪽, 생강 약간, 달걀 약간, 녹말 · 간장 · 소금 약간, 참기름 · 식용유 · 후추 · 청주 약간

| 피망돼지고기볶음 만드는 법 |

01 청피망은 반으로 갈라 씨를 털어내고 5cm 길이로 잘라 0.3cm 두께로 채썬다.

02 양파, 죽순, 표고버섯, 파는 풋고추(피망)와 같은 크기로 채썰고 마늘, 생강도 곱게 채썬다.

03 돼지고기는 5cm 길이로 채썰어 소금, 후추, 생강, 청주, 달걀흰자 1t, 녹말가루 1½T를 넣어 양념해 둔다.

04 팬에 기름을 두른 뒤 불을 약하게 하고, 고기 양념한 것을 가닥가닥 떨어지게 볶는다.

05 팬에 기름을 1t 두르고 마늘채, 생강채, 대파채를 넣어 볶다가 간장 1t, 청주 1t를 넣고 죽순, 표고, 양파를 넣고 마지막으로 청피망을 넣어 볶으면서 소금, 후추로 맛을 낸 다음 참기름을 넣는다.

06 접시에 각 재료가 골고루 섞이도록 담아낸다.

Tip
- 청피망은 결대로 채썰어야 말리지 않는다.
- 돼지고기는 중간 정도의 온도에서 데쳐야 한 덩어리로 뭉치지 않는다. 그러나 너무 낮은 온도로 데치면 녹말이 지저분해지므로 버무릴 때 조금만 넣는다.
- 고추기름이 지급된 경우에는 마지막에 참기름 대신 넣는다.

합격 Point

- 고기는 서로 붙지 않게 볶아야 하고 고기와 피망의 길이는 같은 것이 보기 좋다.

- 고추의 빛이 선명하게 하려면, 센 불에서 마지막에 넣고 빠르게 조리해야 한다.

- 돼지고기 200~300g당 녹말가루 1T 정도가 적당하다.

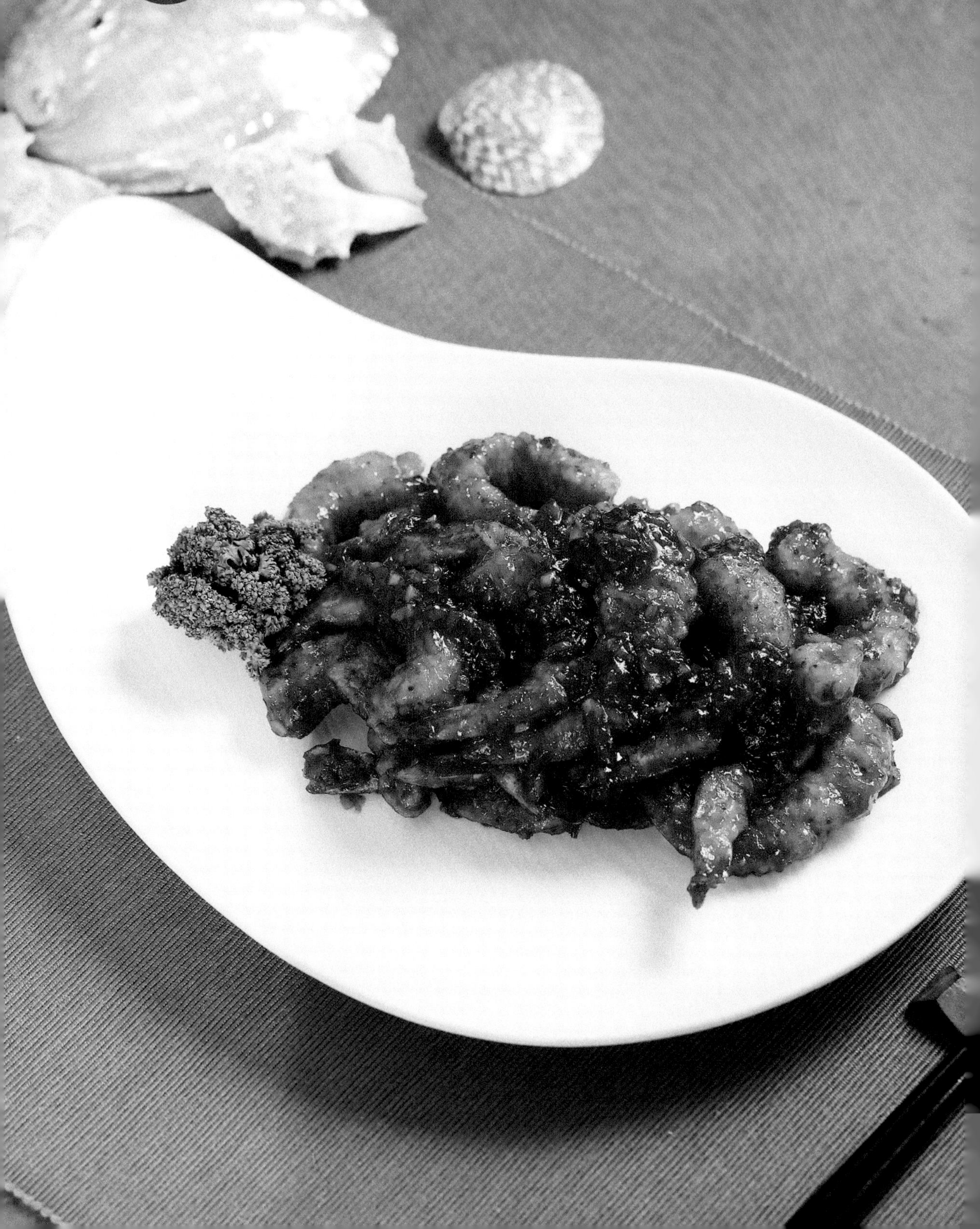

1시간 **30**분

# 깐소새우

수험자 유의사항

❶ 조리산업기사로서 갖추어야 할 숙련도, 재료관리, 작품의 예술성을 나타내어야 합니다.

❷ 지정된 시설을 사용하고, 지급재료 및 지참공구목록 이외의 조리기구는 사용할 수 없으며, 지참공구목록에 없는 단순 조리기구(수저통 등) 지참 시 시험위원에게 확인 후 사용합니다.

❸ 지급재료는 1회에 한하여 지급되며 재지급은 하지 않습니다.(단, 수험자가 시험 시작 전 지급된 재료를 검수하여 재료가 불량하거나 양이 부족하다고 판단될 경우에는 즉시 시험위원에게 통보하여 교환 또는 추가지급을 받도록 합니다.)

❹ 요구사항의 규격은"정도"의 의미를 포함하며, 지급된 재료의 크기에 따라 가감하여 채점됩니다.

❺ 위생복, 위생모, 앞치마, 마스크를 착용하여야 하며, 시험장비, 가스레인지(가스밸브 개폐기 사용), 조리도구 등을 사용할 때에는 안전사고 예방에 유의합니다.

❻ 다음 사항은 실격에 해당하여 **채점 대상에서 제외**됩니다.

　가) 수험자 본인이 시험 도중 시험에 대한 포기 의사를 표현하는 경우

　나) 위생복, 위생모, 앞치마, 마스크를 착용하지 않은 경우

　다) 시험시간 내에 과제를 모두 제출하지 못한 경우

　라) 문제의 요구사항대로 과제의 수량이 만들어지지 않은 경우

　마) 완성품을 요구사항의 과제(요리)가 아닌 다른 요리(예, 달걀말이→달걀찜)로 만들었거나, 요구사항에 없는 과제(요리)를 추가하여 만든 경우

　바) 불을 사용하여 만든 과제가 과제특성에 벗어나는 정도로 타거나 익지 않은 경우

　사) 요구사항의 조리기구(석쇠 등)를 사용하여 완성품을 조리하지 않은 경우

　아) 수험자지참준비물 이외 조리기술에 영향을 줄 수 있는 기구를 사용한 경우

　자) 시험 중 시설·장비(칼, 가스레인지 등) 사용 시 시험위원 및 타 수험자의 시험 진행에 위해를 일으킬 것으로 시험위원 전원이 합의하여 판단한 경우

　차) 요구사항에 표시된 실격 및 부정행위에 해당하는 경우

❼ 완료된 과제는 지정한 장소에 시험시간 내에 제출하여야 합니다.

❽ 가스레인지 화구는 2개까지 사용 가능합니다.

❾ 과제를 제출한 다음 본인이 조리한 장소의 주변을 깨끗이 청소하고 조리기구를 정리정돈한 후 시험위원의 지시에 따라 퇴실합니다.

❿ 시험시작 전 가벼운 몸 풀기(스트레칭) 동작으로 긴장을 풀고 시험을 시작합니다.

| 재료 |

새우 10마리, 달걀 1개, 전분 50g, 두반장 20g, 토마토케첩 50g, 청주 20mL, 대파 10cm 1토막, 생강 20g, 마늘 2쪽,
진간장 40mL, 식초 10mL, 백설탕 20g, 고추기름 30mL, 식용유 300mL

| 깐소새우 만드는 법 |

01  대파, 마늘, 생강은 다져서 준비한다.

02  새우는 내장을 제거한 뒤 소금, 생강즙, 후주로 밑간하여 달걀흰자와 전분으로 반죽한다.

03  160℃ 기름에 2번 튀겨 기름을 빼서 준비한다.

04  고추기름을 두르고 마늘, 생강, 대파 다진 것을 넣고 간장 1t, 청주 1t, 두반장 1/2T, 케첩 1T, 식초 2T, 설탕
    2T, 물 2T를 넣고 앙금녹말로 농도를 맞춘다.

05  소스에 튀긴 새우를 넣고 고추기름 1T를 넣어 잘 섞은 다음 접시에 담는다.

* 새우는 튀김옷을 입히기 전에 물기를 잘 닦아야 튀김옷이 골고루 잘 묻어서 튀김 표면이 매끈하다.
* 새우는 먹기 직전에 튀겨 소스에 버무리면 훨씬 더 바삭하다.

## 합격 Point

- 새우를 바삭하게 튀겨낸다.

- 소스의 색과 농도를 맞추어 버무린다.

- 마지막에 고추기름을 더 넣으면 매콤한 맛이 나서 입맛을 자극하고 요리
  에 윤기가 돌아 더 먹음직스러워 보인다.

# 면보하

🕐 **1**시간 **30**분

수험자 유의사항

① 조리산업기사로서 갖추어야 할 숙련도, 재료관리, 작품의 예술성을 나타내어야 합니다.
② 지정된 시설을 사용하고, 지급재료 및 지참공구목록 이외의 조리기구는 사용할 수 없으며, 지참공구목록에 없는 단순 조리기구(수저통 등) 지참 시 시험위원에게 확인 후 사용합니다.
③ 지급재료는 1회에 한하여 지급되며 재지급은 하지 않습니다.(단, 수험자가 시험 시작 전 지급된 재료를 검수하여 재료가 불량하거나 양이 부족하다고 판단될 경우에는 즉시 시험위원에게 통보하여 교환 또는 추가지급을 받도록 합니다.)
④ 요구사항의 규격은 "정도"의 의미를 포함하며, 지급된 재료의 크기에 따라 가감하여 채점됩니다.
⑤ 위생복, 위생모, 앞치마, 마스크를 착용하여야 하며, 시험장비, 가스레인지(가스밸브 개폐기 사용), 조리도구 등을 사용할 때에는 안전사고 예방에 유의합니다.
⑥ 다음 사항은 실격에 해당하여 **채점 대상에서 제외**됩니다.
  가) 수험자 본인이 시험 도중 시험에 대한 포기 의사를 표현하는 경우
  나) 위생복, 위생모, 앞치마, 마스크를 착용하지 않은 경우
  다) 시험시간 내에 과제를 모두 제출하지 못한 경우
  라) 문제의 요구사항대로 과제의 수량이 만들어지지 않은 경우
  마) 완성품을 요구사항의 과제(요리)가 아닌 다른 요리(예, 달걀말이→달걀찜)로 만들었거나, 요구사항에 없는 과제(요리)를 추가하여 만든 경우
  바) 불을 사용하여 만든 과제가 과제특성에 벗어나는 정도로 타거나 익지 않은 경우
  사) 요구사항의 조리기구(석쇠 등)를 사용하여 완성품을 조리하지 않은 경우
  아) 수험자지참준비물 이외 조리기술에 영향을 줄 수 있는 기구를 사용한 경우
  자) 시험 중 시설·장비(칼, 가스레인지 등) 사용 시 시험위원 및 타 수험자의 시험 진행에 위해를 일으킬 것으로 시험위원 전원이 합의하여 판단한 경우
  차) 요구사항에 표시된 실격 및 부정행위에 해당하는 경우
⑦ 완료된 과제는 지정한 장소에 시험시간 내에 제출하여야 합니다.
⑧ 가스레인지 화구는 2개까지 사용 가능합니다.
⑨ 과제를 제출한 다음 본인이 조리한 장소의 주변을 깨끗이 청소하고 조리기구를 정리정돈한 후 시험위원의 지시에 따라 퇴실합니다.
⑩ 시험시작 전 가벼운 몸 풀기(스트레칭) 동작으로 긴장을 풀고 시험을 시작합니다.

| 재료 |

새우(새우살) 200g, 달걀 1개, 식빵 4쪽, 청주 15mL, 생강 5g, 소금 5g, 녹말가루 30g, 후춧가루 3g, 참기름 5mL, 식용유(튀김용) 1000mL

새우 반죽  생강즙 1t, 소금·후춧가루 약간, 청주 1T, 참기름 1t, 달걀흰자 1t, 녹말가루 2T

| 면보하 만드는 법 |

01  식빵은 가장자리를 제거하고 사방 4cm 크기로 잘라서 준비한다.

02  새우(새우살)는 깨끗이 씻어 내장을 제거하고 물기를 없앤 다음 다져서 준비한다.

03  2의 다진 새우에 생강즙(1t), 후춧가루(3g), 청주(1T), 소금 약간, 참기름(1t)을 넣고 밑간한 다음 달걀흰자와 녹말가루를 넣고 치대어 반죽을 만든다.

04  자른 식빵 위에 새우 반죽을 납작하게 눌러 바른 다음 식빵을 위에 올려 샌드위치를 만든다.

05  4의 샌드위치를 150℃ 온도의 기름에 서서히 튀겨 노릇노릇해지면 건져서 기름이 충분히 빠지면 그릇에 담는다.

합격 Point

☑ 면보하를 바삭하게 튀겨낸다.

☑ 새우소를 완전히 익도록 불조절을 한다.

☑ 새우소의 밑간과 농도를 맞추어 소를 넣는다.

4형

면보하(麵包蝦) 팔보채(八寶菜) 궁보계정(宮保鷄丁)

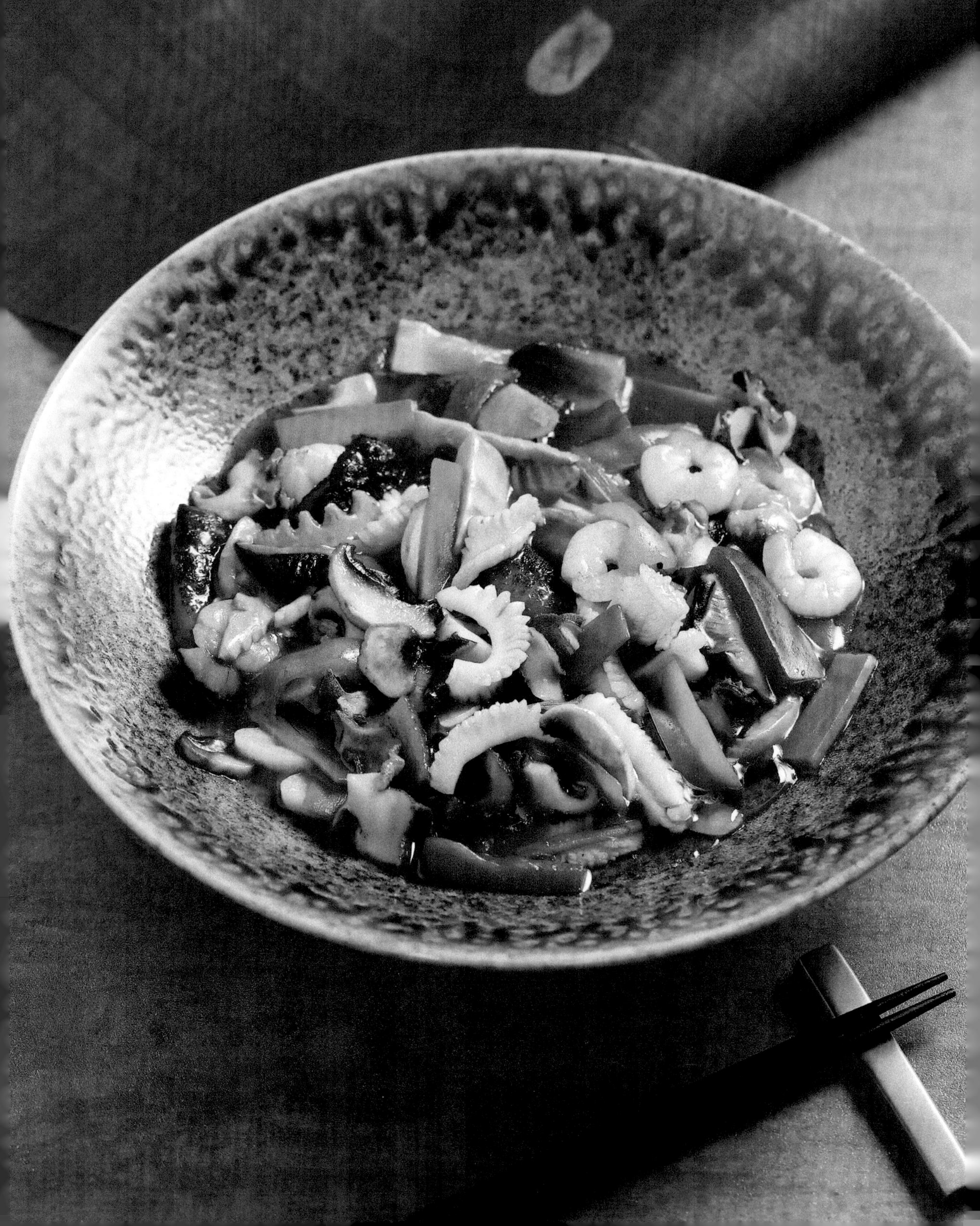

# 팔보채

**1**시간 **30**분

**수험자 유의사항**

❶ 조리산업기사로서 갖추어야 할 숙련도, 재료관리, 작품의 예술성을 나타내어야 합니다.

❷ 지정된 시설을 사용하고, 지급재료 및 지참공구목록 이외의 조리기구는 사용할 수 없으며, 지참공구목록에 없는 단순 조리기구(수저통 등) 지참 시 시험위원에게 확인 후 사용합니다.

❸ 지급재료는 1회에 한하여 지급되며 재지급은 하지 않습니다.(단, 수험자가 시험 시작 전 지급된 재료를 검수하여 재료가 불량하거나 양이 부족하다고 판단될 경우에는 즉시 시험위원에게 통보하여 교환 또는 추가지급을 받도록 합니다.)

❹ 요구사항의 규격은"정도"의 의미를 포함하며, 지급된 재료의 크기에 따라 가감하여 채점됩니다.

❺ 위생복, 위생모, 앞치마, 마스크를 착용하여야 하며, 시험장비, 가스레인지(가스밸브 개폐기 사용), 조리도구 등을 사용할 때에는 안전사고 예방에 유의합니다.

❻ 다음 사항은 실격에 해당하여 **채점 대상에서 제외**됩니다.

　가) 수험자 본인이 시험 도중 시험에 대한 포기 의사를 표현하는 경우

　나) 위생복, 위생모, 앞치마, 마스크를 착용하지 않은 경우

　다) 시험시간 내에 과제를 모두 제출하지 못한 경우

　라) 문제의 요구사항대로 과제의 수량이 만들어지지 않은 경우

　마) 완성품을 요구사항의 과제(요리)가 아닌 다른 요리(예, 달걀말이→달걀찜)로 만들었거나, 요구사항에 없는 과제(요리)를 추가하여 만든 경우

　바) 불을 사용하여 만든 과제가 과제특성에 벗어나는 정도로 타거나 익지 않은 경우

　사) 요구사항의 조리기구(석쇠 등)를 사용하여 완성품을 조리하지 않은 경우

　아) 수험자지참준비물 이외 조리기술에 영향을 줄 수 있는 기구를 사용한 경우

　자) 시험 중 시설·장비(칼, 가스레인지 등) 사용 시 시험위원 및 타 수험자의 시험 진행에 위해를 일으킬 것으로 시험위원 전원이 합의하여 판단한 경우

　차) 요구사항에 표시된 실격 및 부정행위에 해당하는 경우

❼ 완료된 과제는 지정한 장소에 시험시간 내에 제출하여야 합니다.

❽ 가스레인지 화구는 2개까지 사용 가능합니다.

❾ 과제를 제출한 다음 본인이 조리한 장소의 주변을 깨끗이 청소하고 조리기구를 정리정돈한 후 시험위원의 지시에 따라 퇴실합니다.

❿ 시험시작 전 가벼운 몸 풀기(스트레칭) 동작으로 긴장을 풀고 시험을 시작합니다.

| 재료 |

갑오징어 100g, 소라 50g, 관자 50g, 건해삼(불린 것) 50g, 중새우 3마리, 죽순통조림(whole) 고형분 50g, 건표고버섯(지름 5cm 정도, 물에 불린 것) 2개, 청피망(중) 30g, 당근 30g, 오이 30g, 홍고추(건) 20g, 대파 흰 부분(6cm 정도) 1/2토막, 마늘 중(깐 것) 2쪽, 생강 5g, 굴소스 15mL, 녹말가루 15g, 소금 5g, 육수 또는 물 150mL, 식용유 45mL, 간장 1T, 참기름 약간

앙금녹말  물 1T, 녹말가루 1T

팔보채 소스  굴소스 1T, 간장 1T, 육수(물) 150mL, 참기름 약간

| 팔보채 만드는 법 |

01  건해삼은 4cm 크기로 편썰고, 소라는 손질하여 4cm 크기로 포를 뜨고, 관자도 같은 크기로 썬다.

02  갑오징어는 껍질을 벗기고 가로 4cm 크기로 자른 다음 세로로 칼집을 넣고 가로방향으로 저며 두 번째 칼집에서 자른다.

03  새우는 등쪽의 내장을 제거하고 껍질을 벗겨 등쪽에 칼집을 넣는다.

04  표고버섯, 청피망, 당근 오이는 4cm 크기로 썰고 죽순은 빗살모양을 살려 얇게 썬다.

05  홍고추도 4cm 크기로 썰고 대파, 생강, 마늘은 편으로 썬다.

06  끓는 물에 소금을 조금 넣고 준비한 해산물(오징어, 관자, 새우, 소라)과 채소(표고버섯, 청피망, 당근, 오이, 죽순)를 살짝 데쳐 물기를 뺀다.

07  달군 팬에 식용유를 넣고 대파, 마늘, 생강, 홍고추를 볶다가 모든 재료를 넣고 볶는다.

08  여기에 육수(물 150mL), 굴소스(1T), 간장(1T)을 넣고 끓어오르면 앙금녹말을 흘려 농도를 맞추고 참기름을 넣어 완성그릇에 담는다.

### 합격 Point

✅ 해산물을 손질하여 적당히 익혀낸다.

✅ 소스의 농도와 간을 맞추어 낸다.

✅ 재료의 크기는 균일하게 썰어 만든다.

# 궁보계정

🕐 **1**시간 **30**분

---

## 수험자 유의사항

❶ 조리산업기사로서 갖추어야 할 숙련도, 재료관리, 작품의 예술성을 나타내어야 합니다.

❷ 지정된 시설을 사용하고, 지급재료 및 지참공구목록 이외의 조리기구는 사용할 수 없으며, 지참공구목록에 없는 단순 조리기구(수저통 등) 지참 시 시험위원에게 확인 후 사용합니다.

❸ 지급재료는 1회에 한하여 지급되며 재지급은 하지 않습니다.(단, 수험자가 시험 시작 전 지급된 재료를 검수하여 재료가 불량하거나 양이 부족하다고 판단될 경우에는 즉시 시험위원에게 통보하여 교환 또는 추가지급을 받도록 합니다.)

❹ 요구사항의 규격은 "정도"의 의미를 포함하며, 지급된 재료의 크기에 따라 가감하여 채점됩니다.

❺ 위생복, 위생모, 앞치마, 마스크를 착용하여야 하며, 시험장비, 가스레인지(가스밸브 개폐기 사용), 조리도구 등을 사용할 때에는 안전사고 예방에 유의합니다.

❻ 다음 사항은 실격에 해당하여 **채점 대상에서 제외**됩니다.

   가) 수험자 본인이 시험 도중 시험에 대한 포기 의사를 표현하는 경우

   나) 위생복, 위생모, 앞치마, 마스크를 착용하지 않은 경우

   다) 시험시간 내에 과제를 모두 제출하지 못한 경우

   라) 문제의 요구사항대로 과제의 수량이 만들어지지 않은 경우

   마) 완성품을 요구사항의 과제(요리)가 아닌 다른 요리(예, 달걀말이→달걀찜)로 만들었거나, 요구사항에 없는 과제(요리)를 추가하여 만든 경우

   바) 불을 사용하여 만든 과제가 과제특성에 벗어나는 정도로 타거나 익지 않은 경우

   사) 요구사항의 조리기구(석쇠 등)를 사용하여 완성품을 조리하지 않은 경우

   아) 수험자지참준비물 이외 조리기술에 영향을 줄 수 있는 기구를 사용한 경우

   자) 시험 중 시설·장비(칼, 가스레인지 등) 사용 시 시험위원 및 타 수험자의 시험 진행에 위해를 일으킬 것으로 시험위원 전원이 합의하여 판단한 경우

   차) 요구사항에 표시된 실격 및 부정행위에 해당하는 경우

❼ 완료된 과제는 지정한 장소에 시험시간 내에 제출하여야 합니다.

❽ 가스레인지 화구는 2개까지 사용 가능합니다.

❾ 과제를 제출한 다음 본인이 조리한 장소의 주변을 깨끗이 청소하고 조리기구를 정리정돈한 후 시험위원의 지시에 따라 퇴실합니다.

❿ 시험시작 전 가벼운 몸 풀기(스트레칭) 동작으로 긴장을 풀고 시험을 시작합니다.

| 재료 |

닭가슴살 200g, 땅콩 30g, 청피망 30g, 달걀 1개, 홍고추(건) 2개, 생강 10g, 대파 5cm, 굴소스 15mL, 설탕 15g, 청주 20mL, 간장 5mL, 참기름 5mL, 녹말가루 60g, 후춧가루 약간, 고추기름 30mL, 육수 또는 물 45mL, 식용유 100mL

| 궁보계정 만드는 법 |

01  닭고기는 살을 발라 사방 1.5cm로 썰어 간장, 청주, 후춧가루로 밑간을 한다.

02  셀러리, 청피망, 홍고추는 사방 1.5cm로 썬다.

03  1번의 닭살에 전분과 달걀흰자로 반죽하여 170℃의 기름에 두 번 튀긴다.

04  땅콩도 기름에 튀긴다.

05  달군 팬에 고추기름을 두르고 홍고추, 셀러리, 청피망을 넣고 볶다가 물 3T, 굴소스 1T, 설탕 1T를 넣어 끓어오르면 앙금녹말 1T를 풀어 걸쭉하게 소스를 만든다.

06  걸쭉한 소스에 닭고기, 땅콩을 넣고 버무려 참기름으로 마무리한다.

합격 Point

✓ 깐 땅콩은 손질하여 사용한다.

✓ 모든 재료의 크기는 균일해야 한다.

✓ 땅콩이 들어가면 궁보계정이, 캐슈너트가 들어가면 요과계정이 된다.

# 라조육

🕐 **1**시간 **30**분

❶ 조리산업기사로서 갖추어야 할 숙련도, 재료관리, 작품의 예술성을 나타내어야 합니다.

❷ 지정된 시설을 사용하고, 지급재료 및 지참공구목록 이외의 조리기구는 사용할 수 없으며, 지참공구목록에 없는 단순 조리기구(수저통 등) 지참 시 시험위원에게 확인 후 사용합니다.

❸ 지급재료는 1회에 한하여 지급되며 재지급은 하지 않습니다.(단, 수험자가 시험 시작 전 지급된 재료를 검수하여 재료가 불량하거나 양이 부족하다고 판단될 경우에는 즉시 시험위원에게 통보하여 교환 또는 추가지급을 받도록 합니다.)

❹ 요구사항의 규격은 "정도"의 의미를 포함하며, 지급된 재료의 크기에 따라 가감하여 채점됩니다.

❺ 위생복, 위생모, 앞치마, 마스크를 착용하여야 하며, 시험장비, 가스레인지(가스밸브 개폐기 사용), 조리도구 등을 사용할 때에는 안전사고 예방에 유의합니다.

❻ 다음 사항은 실격에 해당하여 **채점 대상에서 제외**됩니다.

　가) 수험자 본인이 시험 도중 시험에 대한 포기 의사를 표현하는 경우

　나) 위생복, 위생모, 앞치마, 마스크를 착용하지 않은 경우

　다) 시험시간 내에 과제를 모두 제출하지 못한 경우

　라) 문제의 요구사항대로 과제의 수량이 만들어지지 않은 경우

　마) 완성품을 요구사항의 과제(요리)가 아닌 다른 요리(예, 달걀말이→달걀찜)로 만들었거나, 요구사항에 없는 과제(요리)를 추가하여 만든 경우

　바) 불을 사용하여 만든 과제가 과제특성에 벗어나는 정도로 타거나 익지 않은 경우

　사) 요구사항의 조리기구(석쇠 등)를 사용하여 완성품을 조리하지 않은 경우

　아) 수험자지참준비물 이외 조리기술에 영향을 줄 수 있는 기구를 사용한 경우

　자) 시험 중 시설·장비(칼, 가스레인지 등) 사용 시 시험위원 및 타 수험자의 시험 진행에 위해를 일으킬 것으로 시험위원 전원이 합의하여 판단한 경우

　차) 요구사항에 표시된 실격 및 부정행위에 해당하는 경우

❼ 완료된 과제는 지정한 장소에 시험시간 내에 제출하여야 합니다.

❽ 가스레인지 화구는 2개까지 사용 가능합니다.

❾ 과제를 제출한 다음 본인이 조리한 장소의 주변을 깨끗이 청소하고 조리기구를 정리정돈한 후 시험위원의 지시에 따라 퇴실합니다.

❿ 시험시작 전 가벼운 몸 풀기(스트레칭) 동작으로 긴장을 풀고 시험을 시작합니다.

| 재료 |

돼지고기 200g, 죽순 50g, 건표고 1개, 청피망 1개, 달걀 1개, 홍고추 1개, 홍(건)고추 1개, 청경채 1포기, 대파(흰 부분) 10cm, 생강 5g, 마늘 1개, 고춧기름 10mL, 후추 1g, 간장 30mL, 녹말가루 100g, 청주 15mL

| 라조육 만드는 법 |

01 돼지고기는 4×1cm로 썰어 소금, 청주, 후춧가루로 밑간한다.

02 생강, 마늘은 편으로 썰고 대파, 죽순, 건표고, 청피망, 홍고추, 청경채는 4cm×1cm의 편으로 썰어 준비한다.

03 돼지고기에 달걀과 앙금녹말을 넣어 반죽한다.

04 160℃ 기름에 고기를 넣어 두 번 튀긴다.

05 팬에 고추기름을 두르고 홍(건)고추, 생강, 마늘, 대파를 넣고 볶다가 간장, 청주를 넣고 표고버섯, 죽순, 청피망, 홍고추를 넣고 볶는다.

06 물을 1컵 넣고 끓으면 앙금녹말을 풀어 농도를 맞추고 소금, 참기름으로 마무리한다.

## 합격 Point

✅ 돼지고기와 채소의 크기를 잘 맞추어 썰어서 준비한다.

✅ 소스의 농도를 잘 맞춘다.

# 짜춘권

🕐 **1**시간 **30**분

**수험자 유의사항**

❶ 조리산업기사로서 갖추어야 할 숙련도, 재료관리, 작품의 예술성을 나타내어야 합니다.

❷ 지정된 시설을 사용하고, 지급재료 및 지참공구목록 이외의 조리기구는 사용할 수 없으며, 지참공구목록에 없는 단순 조리기구(수저통 등) 지참 시 시험위원에게 확인 후 사용합니다.

❸ 지급재료는 1회에 한하여 지급되며 재지급은 하지 않습니다.(단, 수험자가 시험 시작 전 지급된 재료를 검수하여 재료가 불량하거나 양이 부족하다고 판단될 경우에는 즉시 시험위원에게 통보하여 교환 또는 추가지급을 받도록 합니다.)

❹ 요구사항의 규격은"정도"의 의미를 포함하며, 지급된 재료의 크기에 따라 가감하여 채점됩니다.

❺ 위생복, 위생모, 앞치마, 마스크를 착용하여야 하며, 시험장비, 가스레인지(가스밸브 개폐기 사용), 조리도구 등을 사용할 때에는 안전사고 예방에 유의합니다.

❻ 다음 사항은 실격에 해당하여 **채점 대상에서 제외**됩니다.

　가) 수험자 본인이 시험 도중 시험에 대한 포기 의사를 표현하는 경우

　나) 위생복, 위생모, 앞치마, 마스크를 착용하지 않은 경우

　다) 시험시간 내에 과제를 모두 제출하지 못한 경우

　라) 문제의 요구사항대로 과제의 수량이 만들어지지 않은 경우

　마) 완성품을 요구사항의 과제(요리)가 아닌 다른 요리(예, 달걀말이→달걀찜)로 만들었거나, 요구사항에 없는 과제(요리)를 추가하여 만든 경우

　바) 불을 사용하여 만든 과제가 과제특성에 벗어나는 정도로 타거나 익지 않은 경우

　사) 요구사항의 조리기구(석쇠 등)를 사용하여 완성품을 조리하지 않은 경우

　아) 수험자지참준비물 이외 조리기술에 영향을 줄 수 있는 기구를 사용한 경우

　자) 시험 중 시설 · 장비(칼, 가스레인지 등) 사용 시 시험위원 및 타 수험자의 시험 진행에 위해를 일으킬 것으로 시험위원 전원이 합의하여 판단한 경우

　차) 요구사항에 표시된 실격 및 부정행위에 해당하는 경우

❼ 완료된 과제는 지정한 장소에 시험시간 내에 제출하여야 합니다.

❽ 가스레인지 화구는 2개까지 사용 가능합니다.

❾ 과제를 제출한 다음 본인이 조리한 장소의 주변을 깨끗이 청소하고 조리기구를 정리정돈한 후 시험위원의 지시에 따라 퇴실합니다.

❿ 시험시작 전 가벼운 몸 풀기(스트레칭) 동작으로 긴장을 풀고 시험을 시작합니다.

| 재료 |

달걀 2개, 돼지고기 30g, 새우 2마리, 해삼 30g, 죽순 10g, 부추 30g, 양파 10g, 표고버섯 2장, 파 10g, 생강 5g, 녹말가루 1T, 밀가루 2T, 간장·소금·후추·참기름·식용유 약간

| 짜춘권 만드는 법 |

01 새우는 내장을 제거한 후 끓는 소금물에 살짝 데친다.

02 해삼, 죽순, 양파, 표고버섯은 4cm 길이로 채썰고 부추도 4cm로 자른다.

03 돼지고기는 채썬다. (7cm 정도의 길이가 좋다.)

04 생강도 가늘게 채썰어 둔다.

05 팬에 기름을 두르고 파, 생강을 볶다가 향이 나면 청주를 넣고 돼지고기를 볶으면서 간장을 넣는다.

06 양파, 표고, 죽순, 해삼, 부추, 새우를 넣고 소금, 후추, 참기름으로 간을 하여 살짝 볶는다.

07 앙금녹말(물:녹말=1:1)을 만든다.

08 달걀은 앙금녹말, 소금을 약간 넣고 체에 걸러 사각형으로 지단을 부친다.

09 밀가루 2T, 물 2T를 섞어 밀가루풀을 만든다.

10 지단 위에 속재료를 얹어서 직경 3cm 크기의 김밥모양으로 말아 양끝이 떨어지지 않게 밀가루 갠 것을 발라 양끝을 붙이고 160℃ 기름에 노랗게 튀겨낸다.

11 튀겨낸 짜춘권은 3cm 정도의 크기로 보기 좋게 잘라 접시에 담는다.

## 합격 Point

⊘ 지단피를 부칠 때 녹말 15g과 물 30mL를 섞으면 좋다.

⊘ 기름에 짜춘권을 넣고 주걱으로 양쪽을 눌러서 붙은 것을 확인한 뒤 약한
불에서 튀겨야 표면의 색이 보기 좋다.

⊘ 지단은 사각팬으로 부쳐야 잘 부쳐진다.

⊘ 튀겨낸 짜춘권을 자를 때 젖은 행주에 칼을 닦아가며 자르면 잘 잘라진다.

⊘ 마지막 요구사항의 개수에 맞추어 낸다.

**1**시간 **30**분

# 류산슬

**주어진 재료를 사용하여 다음과 같이 류산슬을 만드시오.**

❶ 고기와 해삼은 5~6cm 정도의 가는 채로 써시오.

❷ 채소모양도 5~6cm 정도의 채로 써시오.

❸ 고기와 새우는 먼저 전처리 작업 후 조리하시오.

## 수험자 유의사항

❶ 조리산업기사로서 갖추어야 할 숙련도, 재료관리, 작품의 예술성을 나타내어야 합니다.

❷ 지정된 시설을 사용하고, 지급재료 및 지참공구목록 이외의 조리기구는 사용할 수 없으며, 지참공구목록에 없는 단순 조리기구(수저통 등) 지참 시 시험위원에게 확인 후 사용합니다.

❸ 지급재료는 1회에 한하여 지급되며 재지급은 하지 않습니다.(단, 수험자가 시험 시작 전 지급된 재료를 검수하여 재료가 불량하거나 양이 부족하다고 판단될 경우에는 즉시 시험위원에게 통보하여 교환 또는 추가지급을 받도록 합니다.)

❹ 요구사항의 규격은"정도"의 의미를 포함하며, 지급된 재료의 크기에 따라 가감하여 채점됩니다.

❺ 위생복, 위생모, 앞치마, 마스크를 착용하여야 하며, 시험장비, 가스레인지(가스밸브 개폐기 사용), 조리도구 등을 사용할 때에는 안전사고 예방에 유의합니다.

❻ 다음 사항은 실격에 해당하여 **채점 대상에서 제외**됩니다.

　가) 수험자 본인이 시험 도중 시험에 대한 포기 의사를 표현하는 경우

　나) 위생복, 위생모, 앞치마, 마스크를 착용하지 않은 경우

　다) 시험시간 내에 과제를 모두 제출하지 못한 경우

　라) 문제의 요구사항대로 과제의 수량이 만들어지지 않은 경우

　마) 완성품을 요구사항의 과제(요리)가 아닌 다른 요리(예, 달걀말이→달걀찜)로 만들었거나, 요구사항에 없는 과제(요리)를 추가하여 만든 경우

　바) 불을 사용하여 만든 과제가 과제특성에 벗어나는 정도로 타거나 익지 않은 경우

　사) 요구사항의 조리기구(석쇠 등)를 사용하여 완성품을 조리하지 않은 경우

　아) 수험자지참준비물 이외 조리기술에 영향을 줄 수 있는 기구를 사용한 경우

　자) 시험 중 시설 · 장비(칼, 가스레인지 등) 사용 시 시험위원 및 타 수험자의 시험 진행에 위해를 일으킬 것으로 시험위원 전원이 합의하여 판단한 경우

　차) 요구사항에 표시된 실격 및 부정행위에 해당하는 경우

❼ 완료된 과제는 지정한 장소에 시험시간 내에 제출하여야 합니다.

❽ 가스레인지 화구는 2개까지 사용 가능합니다.

❾ 과제를 제출한 다음 본인이 조리한 장소의 주변을 깨끗이 청소하고 조리기구를 정리정돈한 후 시험위원의 지시에 따라 퇴실합니다.

❿ 시험시작 전 가벼운 몸 풀기(스트레칭) 동작으로 긴장을 풀고 시험을 시작합니다.

| 재료 |

건해삼 불린 것 100g, 소고기 50g, 중새우 6마리, 죽순 30g, 완두콩 10g, 건표고 5cm 3개, 팽이버섯 10g, 녹말가루 30g, 달걀 1개, 대파 1/2토막, 청주 30mL, 소금 10g, 참기름 5mL, 육수 200mL, 마늘 중 2쪽, 생강 5g, 간장 15mL, 후추 약간, 식용유 30g

앙금녹말  물 1T, 녹말가루 1T

유산슬소스  청주 1T, 육수(물) 200mL, 소금 · 후춧가루 약간, 참기름 1t

| 류산슬 만드는 법 |

01 건해삼, 표고버섯, 죽순은 길이 5×0.2cm 크기로 곱게 채썬 후 끓는 물에 살짝 데친다.

02 팽이버섯은 5cm 길이로 썰어서 가닥가닥 떼어 데치고 완두콩도 데친다.

03 대파는 4cm 길이로 굵게 채로 썰고, 마늘과 생강은 가늘게 채썬다.

04 소고기는 얇게 포를 떠 5cm 길이로 가늘게 채썰고 새우는 내장을 제거한다.

05 채썬 소고기와 새우는 간장, 청주로 밑간한 다음 달걀과 녹말가루를 넣고 잘 버무려 고기와 새우가 잠길 정도의 기름을 넣고 중불에서 튀긴다.

06 열이 오른 팬에 식용유를 두르고 대파, 마늘, 생강을 넣어 볶다가 청주(1T)를 넣어 향을 낸다.

07 여기에 표고버섯, 죽순, 해삼, 팽이버섯을 넣고 살짝 볶은 후 육수(물 200mL)를 붓고, 소금과 후춧가루로 간을 한 뒤 끓어오르면 앙금녹말을 넣어 부드럽고 흐르는 듯한 농도로 끓인다. 다 끓으면 고기와 새우, 완두콩을 넣어 버무린 다음 참기름(1t)을 넣어 마무리한다.

합격 Point

✓ 고기와 새우는 손질을 먼저 한 후에 조리한다.

✓ 고기와 새우는 팬에 달라붙지 않도록 적절한 온도에서 익힌다.

# 동파육

| 재료 |

삼겹살 300g, 식용유 400mL, 대파 1개, 생강 20g, 마늘 3알, 팔각 1개, 브로콜리 100g, 청경채 30g, 소금 1t, 물 2컵, 청주 3T, 간장 1/2컵, 설탕 2T, 치킨파우더 1t, 노두유 1T, 통후추 3g, 녹말 2T, 참기름 1T

| 동파육 만드는 법 |

01  청경채는 끓는 소금물에 데친다.

02  삼겹살은 끓는 물에 넣고 삶아 기름기를 빼고 노두유를 발라준다.

03  노두유 바른 삼겹살을 기름에 튀겨 1.5cm 두께로 썰어 그릇에 놓는다.

04  육수 150mL, 마늘, 대파, 생강, 팔각, 청주 2T, 간장 2T, 설탕 2T, 치킨파우더 1t, 노두유 1T, 통후추 3g 을 넣고 끓인다.

05  끓인 육수와 튀긴 삼겹살을 담은 그릇을 찜통에 1시간 찐다.

06  완성접시에 청경채와 삼겹살 찐 국물 100mL, 청주 1T에 물녹말 1T를 풀고 참기름을 넣어 삼겹살 위에 뿌린다.

# 삼선초면

| 재료 |

소고기 50g, 국수 200g, 새우 50g, 해삼 50g, 갑오징어 50g, 표고버섯 3장, 죽순 50g, 청피망 30g, 홍피망 30g, 청경채 50g, 마늘 2알, 생강 5g, 대파 1줄, 후춧가루 ¼t, 굴소스 1T, 간장 1T, 육수 1C, 청주 1T, 참기름 1t, 물녹말 2T, 식용유

| 삼선초면 만드는 법 |

01  소고기, 해삼, 오징어는 5cm×0.2cm, 청피망, 홍피망, 죽순채, 표고채, 청경채 5cm×0.2cm로 썰고 새우는 내장을 제거하고 마늘, 생강, 대파채는 썰어서 준비한다.

02  냄비에 기름을 100℃로 끓여 생국수를 넣고 노릇하게 튀겨낸다.

03  웍에 기름을 1t, 채썬 소고기, 대파, 마늘, 생강, 청주 1t, 간장 1t, 표고, 죽순, 청경채를 넣고 볶다가 (갑)오징어, 새우, 해삼을 볶다가 물 200mL, 굴소스 1t, 후추, 소금, 물녹말 1t, 참기름을 넣고 마무리한다.

04  튀긴 국수 위에 소스를 얹는다.

# 어향육사

| 재료 |

돼지고기 등심 150g, 달걀 1개, 죽순 1개, 청피망 1/2개, 홍고추 1개, 대파 40g, 마늘 20g, 목이버섯 20g, 전분 3t, 고추기름 1½t, 소금 1t, 간장 3T, 두반장·굴소스 ½t, 설탕 1t, 식초 1t, 노두유 1t, 후춧가루 ⅛t, 참기름 1t

| 어향육사 만드는 법 |

01  돼지고기는 6×0.2cm채, 죽순, 목이, 청피망, 홍고추 6cm채, 대파, 마늘, 생강채를 썰어 준비한다.

02  돼지고기에 소금, 청주를 넣은 뒤 흰자와 전분을 넣고 반죽하여 팬에 기름과 고기를 넣고 낮은 온도에서 기름에 데쳐내듯 하얗게 볶아준다.

03  체에 건져낸다.

04  웍에 고추기름 1t와 향채(대파, 생강, 마늘)를 넣고 볶다가 간장 1t, 청주 1t를 넣어 향채의 향을 내고 두반장 1t를 볶다가 죽순, 목이, 피망, 홍고추를 넣고 볶아준다.

05  육수를 1/2C 넣고 굴소스 1/2t, 설탕 1t, 식초 1t, 후추를 넣고 소스가 끓으면 고기를 넣는다.

06  물전분을 풀어 2T 정도를 넣고 농도가 맞으면 참기름, 고추기름 1t를 넣고 버무려 담아낸다.

# 요과기정

| 재료 |

닭다리 2개, 달걀 1개, 전분 1t, 캐슈넛 30g, 죽순 30g, 표고버섯 30g, 셀러리 20g, 양파 1/4개, 대파 10g, 생강 3g, 마늘 2알, 청주 1t, 간장 1t, 굴소스 1t, 설탕 1t, 육수 3t, 후추, 치킨스톡 1t, 녹말, 참기름

| 요과기정 만드는 법 |

01 닭다리 살을 발라 사방 2cm로 썰어 준비하여 소금 1/3t, 청주 1t, 달걀흰자 1t, 전분가루 1t를 넣어 잘 버무려 놓는다.

02 죽순, 표고, 셀러리, 양파는 1.5cm 크기로 썰고 대파, 생강, 마늘은 잘게 썬다.

03 튀김팬에 캐슈넛을 넣어 튀기고 닭살 버무려 놓은 것을 튀겨 기름을 빼놓는다.

04 웍에 기름을 두르고 향채와 청주, 간장을 넣어 향을 내고 죽순, 표고, 셀러리, 양파를 넣고 볶다가 육수 3T를 넣고 굴소스 1/2t, 치킨스톡 1t, 후추를 넣어 간을 한다.

05 튀겨 놓은 닭고기와 캐슈넛을 넣고 물녹말로 농도를 맞춘 뒤 참기름을 넣어 그릇에 담는다.

# 은행빠스

| 재료 |

겉껍질 깐 은행 150g, 달걀 1개, 설탕 60g, 밀가루 100g, 식용유

| 은행빠스 만드는 법 |

01  겉껍질 깐 은행을 소금 넣은 끓는 물에 삶아 속껍질을 제거한다.

02  그릇 한 개에는 달걀흰자 1/2분량을 담고 또 한쪽 그릇에는 밀가루를 담아 은행을 흰자에 굴리고 밀가루에
    굴려 버무려준다.

03  냄비에 물을 끓여 버무려준 은행을 삶은 후 흰자와 밀가루를 묻히고 삶기를 3회 정도 반복한다.

04  튀김팬에 170℃로 가열한 기름에 튀긴다.

05  빠쓰시럽: 식용유 1T, 설탕 4T를 하여 설탕시럽을 만든다.

06  은행을 넣어 시럽이 골고루 묻고 실이 형성될 때 기름칠을 해둔 접시에 서로 붙지 않도록 떨어뜨려 놓는다.

# 전가복

| 재료 |

해삼 2마리, 소라 2마리, 오징어 1마리, 새우 4마리, 전복 1마리, 아스파라거스 2개, 죽순편 5개, 동고 2개, 양송이 2개, 물밤 5개, 영콘 2개, 청경채 2개, 대파 30g, 식용유 200mL, 간장 2T, 청주 2T, 육수 100mL, 굴소스 2T, 참기름 1t, 전분 30g, 후춧가루 1/2t

| 전가복 만드는 법 |

01 새우, 전복 아스파라거스는 편으로 준비한다.

02 오징어, 소라는 손질 후 칼집을 내어 편으로 썰어 기름에 살짝 튀겨둔다.

03 야채류는 끓는 물에 데친 후 물기를 빼둔다.

04 팬에 식용유를 약간 두르고 파를 넣고 살짝 볶는다.

05 간장과 청주로 향을 내고 준비해 둔 야채를 넣고 볶는다.

06 육수를 부은 후 굴소스와 후춧가루로 맛을 낸 다음 2를 넣고 잠시 끓인다.

07 전분을 넣고 버무린 후 접시에 담는다.

08 아스파라거스는 끓는 물에 데친다.

09 전복과 새우는 기름에 튀긴다.

10 팬에 기름과 육수를 각 70mL 정도의 동량으로 넣고 기꼬망간장, 소금 등으로 맛을 낸 다음 물전분을 넣는다.

11 전복과 새우, 아스파라거스를 넣고 끓으면 요리 위에 얹는다. 이때 참기름을 약간 뿌린다.

# 홍소양두부

| 재료 |

두부 1모, 청경채 1개, 돼지고기 150g, 대파 30g, 생강 5g, 청주 2t, 간장 1t, 후춧가루 1/8t, 전분 2T, 참기름 1t

| 홍소 양두부 만드는 법 |

01 두부는 정육면체 4.5cm×3cm×2cm 크기로 8개를 만들어 속을 동그랗게 파낸다.

02 대파와 생강은 다지고 청경채는 5cm로 돼지고기는 다진 뒤 대파 1/2t, 생강 1t, 청주 1t, 간장 1t, 후추, 전분 1t를 넣고 잘 치대어 3cm로 동글게 만든다.

03 속을 파낸 두부 안쪽에 전분을 바르고 고기소를 넣어 채운다.

04 170℃의 기름에 두부를 넣어 노릇해질 때까지 튀긴다.

05 팬에 청주 1t, 간장 1t, 물 1C, 굴소스 1t, 노두유 1t를 넣고 소스를 만든다.

06 찜 그릇에 두부를 넣고 소스를 뿌려 김 오른 찜통에 넣어 5분간 쪄낸다.

07 완성 그릇에 데친 청경채를 둥글게 장식하고 찐 두부를 놓는다.

08 남은 소스를 졸인 뒤 물녹말을 풀어 걸쭉하게 농도를 맞춰 두부 위에 뿌린다.

09 참기름으로 마무리한다.

# 회과육

| 재료 |

돼지삼겹살 250g, 대파 40g, 마늘 20g, 청피망 40g, 마른 고추 2개, 홍고추 1개, 청주 1T, 간장 1T, 굴소스 1t, 노두유 1t, 육수 60mL, 설탕 1t, 두반장 1t, 고추기름 2T, 춘장 10g, 후춧가루 1/8t

| 회과육 만드는 법 |

01  삼겹살은 5cm×5cm×0.5cm로 편을 썰어 10분간 삶는다.

02  볶음팬에 기름 3t, 춘장 2t를 볶는다.

03  표고, 죽순, 피망, 홍고추는 편, 마른 고추는 2cm로 썰고 대파, 마늘은 편으로 썰고 생강은 다진다.

04  팬에 기름을 넉넉히 두른 뒤 삼겹살을 튀겨 준비한다.

05  팬에 고추기름 1t, 마른 고추, 생강, 대파를 넣어 볶아주다가 간장 1t, 청주 1t를 넣어 향을 내준다.

06  준비된 표고, 죽순, 홍고추, 청피망을 넣고 볶다가 삼겹살과 5의 볶아놓은 고추기름을 넣어 볶으면서 육수 50mL를 넣고 굴소스 1t, 설탕 1t, 후추로 간하고 참기름을 뿌린다.

# 참고문헌

- 김지응 외, 중국요리 입문, 백산출판사, 2010

- 김현철 외, 중국요리, 훈민사, 2003

- 김희기 외, 만들기 쉬운 중국요리, ㈜교문사, 2010

- 여경옥의 명품 중국요리, 주부생활, 2009

- 이면희, 비법 짜장비법 속에 문화와 사랑, 도서출판 리리, 2014

- 이면희, 중국요리로 한국이 보인다, 도서출판 리리, 2004

- 이향방, 이향방 중국요리, 서울문화사, 2000

- 정윤두 외, 호텔중국조리, 백산출판사, 2009

- 조성문 외, 중국요리, 광문각, 2005

- 최송산, 중국특선 명요리, 도서출판 효일, 2009

## 저자 소개

## 이지현

- 위덕대학교 외식조리제과제빵학부 교수
- 세종대학교 조리외식학 박사

E-mail: jihyun@uu.ac.kr

## 김아영

- 해나루요리학원 원장
- 혜전대학교 외식창업과 겸임교수
- 조리기능장 취득(2021)

E-mail: densaram@naver.com

저자와의
협의하에
인지첩부
생략

단번에 합격하는 **중식조리 기능사·산업기사·기능장**

2024년 9월  5일 초판 1쇄 인쇄
2024년 9월 10일 초판 1쇄 발행

**지은이** 이지현·김아영
**펴낸이** 진욱상
**펴낸곳** (주)백산출판사
**교   정** 성인숙
**본문디자인** 신화정
**표지디자인** 오정은

**등   록** 2017년 5월 29일 제406-2017-000058호
**주   소** 경기도 파주시 회동길 370(백산빌딩 3층)
**전   화** 02-914-1621(代)
**팩   스** 031-955-9911
**이메일** edit@ibaeksan.kr
**홈페이지** www.ibaeksan.kr

**ISBN** 979-11-6567-921-7  13590
**값 26,000원**

● 파본은 구입하신 서점에서 교환해 드립니다.
● 저작권법에 의해 보호를 받는 저작물이므로 무단전재와 복제를 금합니다.